"科学心"系列丛书

绿舞长空

生活中的植物

"科学心"系列丛书编委会◎编

合肥工业大学出版社
HEFEI UNIVERSITY OF TECHNOLOGY PRESS

图书在版编目（CIP）数据

绿舞长空：生活中的植物/“科学心”系列丛书编委会编．—合肥：合肥工业大学出版社，2015.9（2021.6重印）

ISBN 978-7-5650-2447-4

Ⅰ.①绿… Ⅱ.①科… Ⅲ.①植物—青少年读物 Ⅳ.①Q94-49

中国版本图书馆CIP数据核字（2015）第226311号

绿舞长空：生活中的植物

“科学心”系列丛书编委会 编　　　　责任编辑 何恩情 李克明

出　版	合肥工业大学出版社	版　次	2015年9月第1版
地　址	合肥市屯溪路193号	印　次	2021年6月第3次印刷
邮　编	230009	开　本	889毫米×1092毫米 1/16
电　话	总 编 室：0551-62903038	印　张	13
	市场营销部：0551-62903198	字　数	200千字
网　址	www.hfutpress.com.cn	印　刷	安徽芜湖新华印务有限责任公司
E-mail	hfutpress@163.com	发　行	全国新华书店

ISBN 978-7-5650-2447-4　　　　定价：35.00元

卷首语

植物是大自然的精灵，它们的丰富和独特构成了一个绚丽多姿的绿色世界。它们不仅自身美，而且美化了我们的生活环境，净化了我们身边的空气，更荡涤着我们的心灵！绿色的植物，代表着生命的孕育，也给我们以生机、希望和启迪。在自然界中，植物虽然不能像动物一样运动，但是它们所体现和展示的美，却是动物所不能替代的！

泥石流、沙尘暴、干旱、洪水、污染给我们带来了太多的不幸和痛苦，面对绿色世界的退化，人们是否该仰望苍天，叩问良知？来吧，让我们一起走进绚丽多姿的绿色世界，亲近生活中的植物，一起去学习，也一起来洗涤我们的心灵吧。

目 录

装点美丽的世界——观赏植物

走进植物的世界——植物基本结构和分类

身怀绝技——净化、药用植物及其他

有滋有味——食用植物

装点美丽的世界

——观赏植物

朝气蓬勃的春天，总是带给人们无限的希望和遐想。宋代的叶绍翁在他的《游园不值》里有这样的描写：“春色满园关不住，一枝红杏出墙来”；宋代的朱熹在他的《春日》里有这样的刻画：“等闲识得东风面，万紫千红总是春”。可见，春天，总是少不了万紫千红的百花。

观赏植物，不仅美化了我们的生活，给我们带来好的心情，更净化了空气，给我们带来健康身体，它们是大自然送给我们的礼物。在你生活的小区里或校园里，都有哪些观赏植物？你知道它们有什么生活习性？怎样才能使它们更健康地生长？

花有百日红——紫薇

◆紫薇花

紫薇又名痒痒树，在炎夏群花收敛之际，唯有紫薇繁花竞放。紫薇树干古朴光洁，树身如有微小触动，枝梢就颤动不已，确有“风轻徐弄影”的风趣，故人们称其为痒痒树。花朵繁茂，花色艳丽，有白、紫、红及不同深浅的变化，花期特长，故有“紫薇开最久，烂漫十旬期，夏日逾秋序，新花继故枝”的赞诗和“百日红”“满堂红”等美称。紫薇树姿、树干、花、叶俱美，又是抗各种有毒气体的抗污树种，并有多种园林用途，因此日益受到人们的重视。

形态特征与分类

◆赤薇

紫薇有很多形象动听的名字。花朵繁茂，花色艳丽，有多种颜色，多紫色，紫为正色，故称紫薇。白色花称白薇（或银薇），红色花称红薇，紫带蓝色花称翠薇。紫薇花期长，自夏开到秋，烂漫不绝，可开百日，又名百日红、满堂红。紫薇夏起开花，秋后凋零，花期约 120 天。每个花序开花 50 天左右，单朵花期为 5～8 天。花为紫色，满树红透；其叶先红

◆翠薇

◆银薇

后绿，开花繁多，经久不衰，最适宜于庭园环境种植。

在江苏紫薇基地，人工培育数量大。紫薇为小乔木，有时呈灌木状，高3～7米；树皮易脱落，树干光滑。幼枝略呈四棱形，稍成翅状。叶互生或对生，近无柄；椭圆形、倒卵形或长椭圆形，长3～7厘米，宽2.5～4厘米，光滑无毛或沿主脉上有毛。圆锥花序顶生，长4～20厘米；花径2.5～3厘米；花萼6浅裂，裂片卵形，外面平滑；花瓣6，红色或粉红色，边缘有不规则缺刻，基部有长爪；雄蕊36～42毫米，外侧6枚花丝较长；子房6室。蒴果椭圆状球形，长9～13毫米，宽8～11毫米，6瓣裂。种子有翅。花期6～9月，果期7～9月。

知识窗

紫薇品种

紫薇：花紫红色。

翠薇：花蓝紫色，叶色暗绿。

赤薇：花火红色。

银薇：花白色或微带淡茧色，叶色淡绿。

观赏价值

紫薇树姿优美，树干光滑洁净，花色艳丽。开花时正值夏秋少花季节，花期极长，从6月可开至9月，故有“百日红”之称，又有“盛夏绿遮眼，此花红满堂”的赞语，是观花、观干、观根的盆景良材。尤其是紫薇枯峰式盆景，虽桩头朽枯，而枝繁叶茂，色艳而穗繁，如火如荼，令人精神振奋。

宋代诗人杨万里诗赞颂：“似痴如醉丽还佳，露压风欺分外斜。谁道花无红百日，紫薇长放半年花。”明代薛蕙也写过：“紫薇花最久，烂漫十旬期，夏日逾秋序，新花续放枝。”

广角镜——紫薇的药用价值

紫薇还具有药物作用，李时珍在《本草纲目》中论述，其皮、木、花有活血通经、止痛、消肿、解毒作用。种子可制农药，有驱杀害虫的功效。叶治白痢，花治产后血崩不止、小儿烂头胎毒，根治痈肿疮毒，可谓浑身是宝。

栽培与繁殖

紫薇耐旱、怕涝，喜温暖潮润，喜光，喜肥，对二氧化硫、氟化氢及氮气的抗性强，能吸入有害气体。据测定，每千克紫薇叶能吸硫 10 克而生长良好。紫薇又能吸滞粉尘，在水泥厂内距污染源 200～250 米处，每平方米叶片可吸滞粉尘 4042 克。因此，它是城市、工矿绿化最理想的树种，也可作盆景。

◆千年紫薇树

以花瓣蓝色的翠薇最佳，为圆锥花序，新枝着生顶端，长达 20 厘米，每朵花 6 瓣，瓣多皱壁，似一轮盘。花开满树，艳丽如霞，故又称满堂红。结果为蒴果，状如大豆，内有种子多粒，11 月成熟。繁殖培育：紫薇的繁殖可采用播种、分株、扦插。播种法于 11 月采种，蒴果晒干脱粒后干藏，于翌年3月播种，播种后覆盖一层细泥土，以不见种子为度，再覆盖稻草。

小资料——神奇的痒痒树

北方人称紫薇树为“猴刺脱”，是说树身太滑，猴子都爬不上去。它的可贵之处是无树皮。物以稀为贵，世界上千树万木之中有几种是无皮的？年轻的紫薇树干，年年生表皮，年年自行脱落，表皮脱落以后，树干显得新鲜而光滑。老年的紫薇树，树身不复生表皮，筋脉挺露，莹滑光洁。紫薇树长大以后，树干外皮落下，光滑无皮。如果人们轻轻抚摸一下，立即会枝摇叶动，浑身颤抖，甚至会发出微弱的“咯咯”响动声。这就是它“怕痒”的一种全身反应，实是令人称奇。

小博士

“痒痒树”为什么会“怕痒”呢？人们认为，这是因为这种树能对外来的刺激产生反应，并能将这种反应迅速地传递到树梢而引起枝条的摆动，而更深层次的原因有待人们进一步探索。

花中西施——杜鹃

“夜半三更哟盼天明，寒冬腊月哟盼春风，若盼得哟红军来，岭上开遍哟映山红。”你有没有听过这首歌呢？在当年，这首歌可是红遍大江南北，是人人都会哼唱的革命歌曲。歌里面所提到的映山红，就是我们下面要说到的这种漂亮的花。在校园里、公园里，你经常会看到它们艳丽的身影，它们用自己的美装点着我们的世界。

◆杜鹃花

中华十大名花之一

杜鹃花，中国十大名花之一。在所有观赏花木之中，它称得上花、叶兼美，地栽、盆栽皆宜，用途最为广泛。白居易赞曰：“闲折二枝持在手，细看不似人间有，花中此物是西施，鞭蓉芍药皆嫫母。”在世界杜鹃花的自然分布中，种类之多、数量之巨，没有一个能与中国杜鹃花匹敌。中国，乃世界杜鹃花资源的宝库！今江西、安徽、贵州以杜鹃花为省花，定杜鹃花为市花的城市多达七八个。

◆杜鹃

形态特征与生活习性

◆黄色杜鹃花

杜鹃花盛开之时，恰值杜鹃鸟啼之时，古人留下许多诗句和优美动人的传说，并有以花为节的习俗。杜鹃花多为灌木或小乔木，因生态环境不同，有各自的生活习性和形状。最小的植株只有几厘米高，呈垫状，贴地面生。最大的高达数十米，巍然挺立，蔚为壮观。

杜鹃是杜鹃花科杜鹃花属木本植物的统称，花叶均美观。杜鹃花属很大，种类极富变化，约含800种。原来主要产于北温带，特别是喜马拉雅山脉、东南亚及马来西亚山区的潮湿酸性土壤，形成浓密的灌丛。本属包括映山红种类，对此有些园艺家视之为另一属。

杜鹃花的习性由常绿到落叶，由低矮的地表覆盖植物到高大的乔木不等。最早于17世纪中期栽培供庭园观赏者为密毛高山杜鹃，高可达1米。其他由高仅10厘米的席状矮生种到高逾12米的乔木不等，前者如原产中国云南的匍匐杜鹃，后者如树形杜鹃、硬刺杜鹃及原产于亚洲的大树杜鹃。除了映山红种类外，叶皆厚、革质、常绿；花通常为筒状至漏斗状，颜色变异颇大，有白、黄、粉红、绯红、紫及蓝等色。

杜鹃花属种类繁多，形态各异。由大乔木（高可达20米以上）至小灌木（高仅10～20厘米），主干直立或呈匍匐状，枝条互生或轮生。分布于欧洲、亚洲及北美洲，以亚洲为最多。它与西洋杜鹃的区别是：形体相对更矮小，花型相对更小。

链接

什么是映山红？

杜鹃花就是俗称的“映山红”。它几乎遍布长江流域各省以至云南、台湾等山地和丘陵上的疏林或灌木丛中。

分布中心——中国

◆白色杜鹃花

中国是杜鹃花的分布中心，约有530种，除新疆和宁夏外，各省区均有分布。西藏东南部、四川西南部、云南西北部是最集中的产地，均分别占百种以上，仅云南的杜鹃花品种就占全国品种的一半以上。世界上许多国家从这里引种。

杜鹃花是一个大属，全世界约有900余种，分布于欧洲、亚洲和北美洲，而以亚洲最多，有850种，其中我国有530余种，占全世界59%，特别集中于云南、西藏和四川三省区的横断山脉一带，是世界杜鹃花的发祥地和分布中心。喜马拉雅山脉的不丹、锡金、尼泊尔、缅甸、印度北部，种类也较多，日本、朝鲜、苏联西伯利亚和高加索地区仅有少数种类。

在福建省宁德市屏南县的棠口乡龙源村口，有一棵杜鹃花，树高3米多，树冠直径5米，七枝丛生，棱干上布满苔藓，树龄在400年以上，一年中仅7月份无花，其余时间均可见花，花色大红，经专家考证，为锦绣杜鹃的变种，十分珍贵。近来，在熙岭乡九峰寺、天平山宝林寺、刘公岩景区的山上也发现类似的杜鹃花。

湖北麻城分布有6.7万公顷古杜鹃，其中包括龟峰山风景区的6700公顷原生态古杜鹃群落。经专家考证，其面积之大、年代之久、保存之好、密度之高、花色之美，堪称华中一绝，是迄今发现的我国最大的古杜鹃原始群落。其中，龟峰山“杜鹃花王”树龄300多年，次生枝干达56枝，每枝干茎在6厘米至10厘米之间，树冠冠茎达6米，覆盖面积达35平方米，龟峰山古杜鹃群落2009年04月16日被收入上海大世界吉尼斯之最，以其面积之大、年代之久、密度之高、保存之好、花色之美，堪称“麻城杜鹃甲天下”。

知识窗

杜鹃花的别名还有很多呢，比如有：红杜鹃、映山红、艳山红、艳山花、清明花、格桑花（藏语）、金达莱（朝鲜语）、山踯躅、红踯躅、山石榴、羊角花（羌族）等。

应用价值

◆满山的杜鹃花

杜鹃花除作观赏外，有的叶、花可入药或提取芳香油，有的花可食用，树皮和叶可提制栲胶，木材可做工艺品等。高山杜鹃花根系发达，是很好的水土保持植物。

杜鹃花花繁叶茂，绮丽多姿，萌发力强，耐修剪，根桩奇特，是优良的盆景材料。园林中最宜在林缘、溪边、池畔及岩石旁成丛成片栽植，也可于疏林下散植。杜鹃也是花篱的良好材料，毛鹃还可经修剪培育成各种形态。杜鹃专类园极具特色。杜鹃花可药用，有些亦可食用。映山红的花味酸无毒，可生食；大白杜鹃、粗柄杜鹃的花至今是滇中人民的优美蔬菜；用羊踯躅的枝、叶、花浸泡沤制，可作杀虫农药；兴安杜鹃等，可制药。有些种类的

漏斗状的杜鹃花，花瓣有酸味，可当水果吃，但一次食用不能过多，否则会引起鼻出血。

树皮、树叶含丰富的蘸质，可提取栲胶；杜鹃花的木材、根兜，质地细腻、坚韧，可制碗、筷、盆、钵、烟斗、根等日用工艺品。杜鹃花性甘、微苦、平、清香，在医学上有一定的药用价值，祛风湿，调经活血，安神去燥。长期饮用有美白和祛斑之功效。

传说故事——杜鹃花的传说

相传，古代的蜀国是一个和平富庶的国家。那里土地肥沃，物产丰盛，人们丰衣足食，无忧无虑，生活得十分幸福。可是，无忧无虑的富足生活，使人们慢慢地懒惰起来。他们一天到晚，醉生梦死，嫖赌逍遥，纵情享乐，有时搞得连播种的时间都忘记了。

蜀国的皇帝，名叫杜宇。他是一个非常负责而且勤勉的君王，他很爱他的百姓，看到人们乐而忘忧，他心急如焚。为了不误农时，每到春播时节，他就四处奔走，催促人们赶快播种，把握春光。可是，如此年复一年，反而使人们养成了习惯，杜宇不来就不播种了。

终于，杜宇积劳成疾，告别了他的百姓。可是他对百姓还是难以忘怀。他的灵魂化为一只小鸟，每到春天就四处飞翔，发出声声的啼叫：快快布谷，快快布谷。直叫得嘴里流出鲜血。鲜红的血滴洒落在漫山遍野，化成一朵朵美丽的鲜花。

人们被感动了，他们开始学习他们的好国君杜宇，变得勤勉和负责。人们把那小鸟叫作杜鹃鸟，把那些鲜血化成的花叫作杜鹃花。

百花之先——蜡梅

◆腊梅花

蜡梅科蜡梅属的蜡梅是我国特产的传统名贵观赏花木，有着悠久的栽培历史和丰富的蜡梅文化。唐代诗人李商隐称蜡梅为寒梅，有“知访寒梅过野塘”句。《姚氏残语》又称梅为寒客。蜡梅花开春前开花，为百花之先，特别是虎蹄梅，农历十月即放花，故人称早梅。蜡梅先花后叶，花与叶不相见，蜡梅花开之时枝干枯瘦，故又名干枝梅。蜡梅花开之日多是瑞雪飞扬，欲赏蜡梅，待雪后，踏雪而至，故又名雪梅。又因梅花入冬初放，冬尽而结实，伴着冬天，故又名冬梅。

形态特征与生活习性

◆腊梅

蜡梅在寒冬腊月中破蕊怒放。它原名叫黄梅，花色鹅黄。蜡梅之花宛如蜡制，故苏东坡有诗说：“蜜蜂采花为黄腊，黄腊为花亦此物。”黄庭坚也有诗：“闻君寺后野花发，香蜜染成宫样黄。”蜡梅的名称由此而来。

蜡梅科蜡梅属的蜡梅是落叶灌木，高达 3 米。枝、茎成方形，棕红色，有椭圆形突出皮孔。叶椭圆状卵形至卵状披针形，长7～15厘米，顶端渐尖，基部圆形或阔楔形，表面深绿，背面淡绿。花芳香，直径约2.5厘米，外部花被片卵状椭圆形，黄色，内部的渐短，有紫色条纹；花托椭圆形，长约4厘米，口部收缩，有附属物。花期11月至翌年3月。

广角镜——蜡梅不是梅

蜡梅名梅，却不是梅。李时珍《本草纲目》载："蜡梅，释名黄梅花，此物非梅类，因其与梅同时，香又相近，色似蜜蜡，故得此名。花辛、温，无毒。解暑生津。"清初《花镜》载："蜡梅俗称腊梅，一名黄梅，本非梅类，因其与梅同放，其香又近似，色似蜜蜡，且腊月开放，故有其名。"这种解释是正确的，因为蜡梅同梅不同科，梅属蔷薇科。

◆红梅朵朵开

蜡梅为落叶或半常绿灌木，花两性，单生于一年生枝的叶腋，萼片与花瓣无明显的区别，外轮黄色，内轮常为紫褐色条纹，具蜡质，香气浓。蜡梅与梅花有相似处，两者都是先开花后展叶，且开花期均在冬春季节。不同点：①花朵颜色不同。蜡梅以蜡黄为主，而梅花有白、粉红、紫红等；②蜡梅开花期早于梅花2个月；③蜡梅均为直枝，而梅花除有直枝外，还有垂枝；④蜡梅为灌木，枝丛生高2～4米，而梅花为乔木，主杆4～10米；⑤蜡梅叶片对生，梅花为叶互生。

蜡梅与梅花有何异同呢？

蜡梅的种类

◆蜡梅叶子

◆蜡梅果实

蜡梅别名：黄梅花、雪里花、蜡木、蜡花、巴豆花、冬梅、雪梅、寒梅、金钟梅、黄梅、干枝梅、早梅。

据赵天榜《中国腊梅》一书所载：蜡梅有 4 个品种群，12 个品种型，165 个品种。它们中间有纯黄色、金黄色、淡黄色、墨黄色、紫黄色，也有银白色、淡白色、雪白色、黄白色，花蕊有红、紫、洁白等。

蜡梅主要分布于黄河流域以南地区，各地均有栽培，秦岭地区及湖北有野生。其中最佳者为河南鄢陵县所产的鄢陵蜡梅，素有“鄢陵蜡梅冠天下”之誉。代表品种有“素心蜡梅”：《鄢陵文献志》称“鄢陵素心蜡梅”，其心洁白，浓香馥郁。因其花开时不全张开且张口向下，似“金钟吊挂”，故又名金钟梅。

梅花的总品种达 300 多种。适宜观赏的梅花种类包括大红梅、台阁梅、照水梅、绿萼梅、龙游梅等品种。观赏类梅花多为白色、粉色、红色、紫色、浅绿色。中国西南地区 12 月至次年 1 月、华中地区 2～3 月、华北地区 3～4 月开花。初花至盛花 4～7 日，至终花 15～20 日。

梅花属于长寿花卉，即使在家盆栽，也经常可以养到十年以上。湖北黄梅县有一株 1600 多岁的晋朝所植梅花，至今仍吐芬芳。

观赏食用两相宜

观赏价值

◆红芯蜡梅

蜡梅原产我国中部，现各地都有栽培。性喜阳光，能耐荫、耐寒、耐旱，忌渍水。蜡梅花在霜雪寒天傲然开放，花黄似蜡，浓香扑鼻，是冬季观赏主要花木。蜡梅寒冬开花，清香四溢，庭院栽植最为适宜。蜡梅与南天竹搭配，黄花红果，是插花，盆景的好材料。

食用药用价值

蜡梅果实古称土巴豆，有毒，可以做泻药，不可误食。

蜡梅花经加工是名贵药材，有解毒生津之效。蜡梅花蕾、叶、根皮均可入药。

李时珍在《本草纲目》中说：“蜡梅花味甘、微苦，采花炸熟，水浸淘净，油盐调食”，既是味道颇佳的食品，又能“解热生津”。

贴士提醒——蜡梅花中的挥发油

蜡梅花含挥发油，油中有龙脑、桉油精、芳樟醇、洋蜡梅碱、异洋蜡梅碱、蜡梅甙、α—胡萝卜素、亚油酸、油酸等化学成分，叶中含蜡梅碱、洋蜡梅碱、异洋蜡梅碱，鲜叶含氰氢酸。种子含脂肪油、脂肪酸、亚油酸、亚麻酸等成分，并有较好的药用价值，如花蕾：性温，味甘、微苦，解暑生津，开胃散郁，通乳润燥，止咳。主治暑热头晕，呕吐，气郁胃闷，麻疹，百日咳，烫伤，火伤，中耳炎等。根及茎，辛、温，祛风理气，活血解毒，主治哮喘，劳伤咳嗽，胃痛，腹痛，风湿痹痛，疔疮肿毒，跌打创伤等。外用适量，研末撒。

花中珍品——山茶

◆山茶花

山茶花又名茶花，为山茶科山茶属植物。山茶花花姿丰盈，端庄高雅，为我国传统十大名花之一，也是世界名花之一。茶花具有“唯有山茶殊耐久，独能深月占春风”的傲梅风骨，又有“花繁艳红，深夺晓霞”的凌牡丹之鲜艳，因此自古以来就是极负盛名的木本花卉。

形态特征与生活习性

形态特征

山茶花为常绿阔叶灌木。枝条黄褐色，小枝呈绿色或绿紫色至紫色至紫褐色。叶片革质，互生，椭圆形、长椭圆形、卵形至倒卵形，长4～10厘米，先端渐尖或急尖，基部楔形至近半圆形，边缘有锯齿，叶片正面为深绿色，多数有光泽，背面较淡，叶片光滑无毛，叶柄粗短，有柔毛或无毛。

◆白色山茶花

花单生或2～3朵着生于枝梢顶端或叶腋间。花单瓣或半重瓣、重瓣。花梗极短或不明显，苞萼9～13片，覆瓦状排列，被茸毛。花单瓣，花瓣5～7片，呈1～2轮覆瓦状排列，花朵直径5～6厘米，色大红，花瓣先端有凹或缺口，基部连生成一体而呈筒状；雄蕊发达，多达100余枚，花丝白色或有红晕，基部连生成筒状，集聚花心，花药金黄色；雌蕊发育正常，子房光滑无毛，3～4室，花柱单一，柱头3～5裂，结实率高。蒴果圆形，外壳木质化，成熟蒴果能自然从背缝开裂，散出种子。

生长习性

茶花的花期因品种不同而不同，从10月至翌年4月间都有花开放。喜温暖、湿润和半阴环境。怕高温，忌烈日。适宜山茶花生长的温度为18℃～25℃，3～9月为13℃～18℃，9月至翌年3月为10℃～13℃。当温度在12℃以上开始萌芽，30℃以上则停止生长，始花温度为12℃，适宜花朵开放的温度为10℃～20℃。山茶花的耐寒品种能短时间耐－10℃，一般品种－3℃～4℃。夏季温度超过35℃，就会出现叶片灼伤现象。

山茶花属半阴性植物，宜于散射光下生长，怕直射光暴晒，幼苗需遮阴。但长期过阴对山茶花生长不利，叶片薄、开花少，影响观赏价值。成年植株需较多光照，才能利于花芽的形成和开花。

万花筒

山茶花适宜水分充足、空气湿润环境，忌干燥。高温干旱的夏秋季，应及时浇水或喷水，空气相对湿度以70%～80%为好。梅雨季注意排水，以免引起根部受涝腐烂。露地栽培，选择土层深厚、疏松，排水性好，pH值5～6最为适宜，碱性土壤不适宜茶花生长。盆栽土用肥沃疏松、微酸性的壤土或腐叶土。

广角镜——山茶花的趣谈杂闻

山茶花为我国的传统园林花木，据资料记载，云南省昆明市近郊太华寺院内，有一株山茶老树，相传为明朝初年建文帝手植。昆明东郊茶花寺，有一株红山茶，为宋朝遗物，高达20米，每当花季，红英覆树，花人如株，状如牡丹。

山茶花，枝叶繁茂，四季常青，开花于冬末春初万花凋谢之时，尤为难得。古往今来，很多诗人写下了赞美山茶花的诗句。郭沫若先生曾用“茶花一树早桃红，白朵彤云啸做中”的诗句赞美山茶花盛开的景况。

品种繁多的山茶

◆山茶花树

山茶品种大约有 2000 种，可分为 3 大类，12 个花型，《本草纲目》曰：“山茶花其叶类茶，又可作饮，故得名。”

《花镜》载山茶花有十九个品种：玛瑙茶、鹤顶红、宝珠茶、蕉萼白宝珠、杨妃茶、正宫粉、石榴茶、一捻红、照殿红、晚山茶、南山茶等。山茶花花型多，有单瓣、半重瓣、重瓣、曲瓣、五星瓣、六角形、松壳型等。花有红、黄、白、粉，甚至白瓣红点等色。

1. 单瓣类：花瓣 1～2 轮，5～7 片，基部连生，多呈筒状，结实。其下只有 1 个型，即单瓣型。

2. 复瓣类：花瓣 3～5 轮，20 片左右，多者近 50 片。其下分为 4 个型，即复瓣型、五星型、荷花型、松球型。

3. 重瓣类：大部雄蕊瓣化，花瓣自然增加，花瓣数在 50 片以上。其下分为 7 个型，即托桂型、菊花型、芙蓉型、皇冠型、绣球型、放射型、蔷薇型。

常见品种有单瓣类的晨曦，花皱边，纯白色；赛金光，花白色，被桃红色线条和洒有细点；大花金心，花大红色，花直径 6～7 厘米。半重瓣类有赛洛阳，花红色，具白斑；大松子，花深红色；醉杨妃，花粉红色；星桃牡丹，花桃红色。

重瓣类有白宝珠，花纯白色；红芙蓉，花夹竹桃红色；花芙蓉，花白色，具红色线条；花宝珠，花粉红色，具不规则红条纹；五鹤捧球，花大红色；花佛鼎，花大红色、具少量白斑；红十八学士，花红色；赤丹，花大红色；花鹤翎，花淡红色，具白色斑点。

经济价值

◆经济价值

山茶花是园林绿化的重要材料，具有花色美，花期长，叶片亮绿，树冠多姿，以及在高大树冠下能良好生长的习性，因此常被广泛利用于公园绿地、自然风景区和名胜古迹。在庭园之中，可小片群植或与其他树种搭配组合，也可作主景欣赏。山茶花亦是盆栽的佳品，某些矮生的灌木型品种，常被作为盆栽应用，自南至北十分普遍。

山茶花耐荫，配置于疏林边缘，生长最好；假山旁植可构成山石小景；亭台附近散点三、五株，格外雅致；若辟以山茶园，花时艳丽如锦；庭院中可于院墙一角，散植几株，自然潇洒；如选杜鹃、玉兰相配置，则花时红白相间，争奇斗艳；森林公园也可于林缘路旁散植或群植，花时可为山林生色不少。山茶花适于盆栽观赏，置于门厅入口、会议室、公共场所都能取得良好效果；植于家庭的阳台、窗前，显得春意盎然。

山茶花冬季开花，花期又较长，是很好的插花材料。山茶花的花、根均可入药。多种山茶种子富含油脂，是很好的食用油。腾冲红花油茶更是滋补性油料。云南山茶树体高大，健壮优美，荫浓叶翠，花朵硕大，花期特长，可孤植于草坪、庭前；或对植于道路两旁、广场入口处。可盆栽观赏，亦可供切花之用，花尚可入药。果实可榨油。木材可供雕刻。金花茶繁花满树，灿若黄金，是冬季难得的观花树种，宜丛植或片植，亦可盆栽观赏，并可作切花用。其叶可代茶饮，辅助治疗高血压；花可治便血；种子榨油可供食用或工业用；木材可雕刻；花之浸提液黄色，可作食用染料。

知识广播

山茶花对有害气体——二氧化硫有很强的抗性，对硫化氢、氯气、氟化氢和铬酸烟雾也有明显的抗性。

春之使者——迎春花

◆迎春花

迎春花又名金梅、金腰带、小黄花，系木樨科落叶灌木，因其在百花之中开花较早，花后即迎来百花齐放的春天而得名，它与梅花、水仙和山茶花统称为"雪中四友"，是中国名贵花卉之一。迎春花不仅花色端庄秀丽，气质非凡，而且具有不畏寒威，不择风土，适应性强的特点，历来为人们所喜爱。

形态特征与生活习性

◆黄色迎春花

迎春花为落叶灌木，枝条细长，呈拱形下垂生长，长可达2米以上。侧枝健壮，四棱形，绿色。三出复叶对生，长2～3厘米，小叶卵状椭圆形，表面光滑，全缘。花单生于叶腋间，花冠高脚杯状，鲜黄色，顶端6裂，或成复瓣。花期3～5月，可持续50天之久。

迎春花喜光，稍耐阴，略耐寒，怕涝，在华北地区和鄢陵均可露地越冬，要求温暖而湿润的气候，疏松肥沃和排水良好的沙质土，在酸性土中生长旺盛，碱性土中生长不良。根部萌发力强。枝条着地部分极易生根。

小资料——迎春与连翘的区别

迎春和连翘同属木樨科落叶灌木，在中国各地广泛栽培；两者有很多相似之处，在相近的时间开花，花黄色，先开花后长叶，因此很多人并不能很好地区分这两种植物。

其实，它们的区别是明显的：

1. 迎春老枝灰褐色，小枝四棱状，细长，呈拱形生长，绿色。叶全为三出复叶，呈十字形对称生长，叶片较小，卵状椭圆形，全缘，先端狭而突尖。花单生、黄色，高脚碟状，着生于头年生枝条的叶腋间。而连翘枝条为圆形，小枝浅褐色，茎内中空，常下垂，叶片较大，形至长椭圆形，上半部分有整齐的锯齿，下半部分全缘。单叶或 3 叶对生，其中顶叶较大，两侧叶小。花金黄色，花瓣较宽。

2. 迎春的小枝绿色，而连翘的小枝颜色较深，一般为浅褐色；

3. 迎春花的花每朵有 6 枚瓣片，连翘只有 4 枚；

4. 迎春花很少结实，连翘花结实。

◆迎春花

◆连翘花

有一种花叫连翘，与迎春花极为相似，你知道两者的区别吗？

栽培广泛

迎春花原产中国华南和西南的亚热带地区，南方栽培极为普遍，华北、河南均可生长，河南鄢陵全县均有栽培生产。迎春枝条披垂，早春先花后叶，花色金黄，叶丛翠绿，园林中宜配置在湖边、溪畔、桥头、墙隅或在草坪、林缘、坡地。房周围也可栽植，可供早春观花。花、叶、嫩枝均可入药。

轶闻趣事——迎春花的故事

◆迎春花

很久很久以前，地上一片洪水，庄稼淹了，房子塌了，老百姓只好聚在山顶上。天地间整天混混沌沌，连春秋四季也分不清。

那时候的帝王叫舜，舜叫大臣鲧带领人们治水，治了几年，水越来越大。鲧死了，他的儿子禹又挑起了治水的重担。

禹带领人们查找水路的时候，在涂山遇到了一位姑娘，这姑娘给他们烧水做饭，帮他们指点水源。大禹感激这个姑娘，这姑娘也很喜欢禹，两人就成亲了。禹因为忙着治水，他们相聚了几天就分手了。临走时，姑娘把禹送了一程又一程。当来到一座山岭上时，禹就对她说："送到什么时候也得分别啊！我不治好水是不会回头的。"姑娘两眼含泪看着禹说："你走吧，我就站在这里，要一直看到你治平洪水，回到我的身边。"大禹临别，把束腰的荆藤解下来递给姑娘。姑娘摸着那条荆藤腰带，说："去吧，我就站在这里等，一直等到荆藤开花，洪水停流，人们安居乐业时，我们再团聚。"

大禹离别姑娘就带领人们踏遍九州，开挖河道。几年以后，江河疏通，洪水归海，庄稼出土，杨柳发芽了，人民终于安居了。大禹高高兴兴连夜赶回来找心爱的姑娘。他远远看见姑娘手中举着那束荆藤，正立在那高山上等他，可是当他走到跟前一看，原来那姑娘早已变成了石像。

原来，自大禹走后，姑娘就每天立在这山岭上张望。不管刮风下雨，天寒地冻，从来没走开。后来，草锥子穿透她的双脚，草籽儿在她身上发了芽，生了根，她还是手举荆藤张望。天长日久，姑娘就变成了一座石像，她的手和荆藤长在一起了，她的血浸着荆藤。不知过了多久，荆藤竟然变水青、变嫩，发出了新的枝条。禹上前呼唤着心爱的姑娘，泪水滴在大石像上，霎时间那荆藤竟开出了一朵朵金黄的小花儿。

荆藤开花了，洪水消除了。大禹为了纪念姑娘的心意，就给这荆藤花儿起个名，叫“迎春花”。

万花筒

叶入药，消肿解毒，治肿痛恶疮，跌打损伤；花能解热利尿，治发热头痛，小便热痛。叶和根均含丁香苷和迎春花苷。

天香自然来——桂花

桂花，又名“月桂”“木樨”，俗称“桂花树”。八月桂花遍地开，桂花开放幸福来。每年中秋月明，天清露冷，庭前屋后、广场、公园绿地的片片桂花盛开了，在空气中浸润着甜甜的桂花香味，冷露、月色、花香，最能激发情思，给人以无穷的遐想。中国有包括衢州市、汉中市在内的20多个城市就以桂花为市花或市树。

◆桂花

产区分布

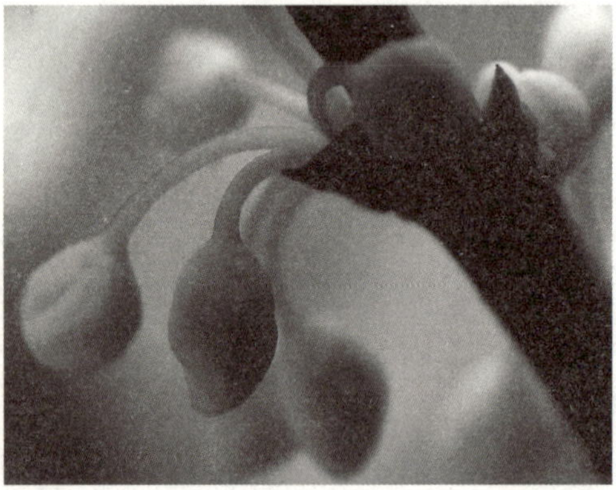

◆桂花花苞

桂花原产我国西南喜马拉雅山东段，印度、尼泊尔、柬埔寨也有分布。中国西南部、四川、陕西（南部）、云南、广西、广东、湖南、湖北、江西、安徽等地，均有野生桂花生长，现广泛栽种于淮河流域及以南地区，其适生区北可抵黄河下游，南可至两广、海南。

桂花喜温暖湿润的气候，耐高温而不甚耐寒，为亚热带树种。桂花叶茂而常绿，树龄长久，秋季开花，芳香四溢，是我国特产的观赏花木和芳香树。我国桂花集中分布和栽培的地区，主要是岭南以北至秦岭、淮河以南的广大北亚热带地区，大致相当于北纬 24°～33°。该地区水热条件好，降水量适宜，土壤多为黄棕壤或黄褐土，植被则以亚热带阔叶林类型为主。在上述条件的孕育和影响下，桂花生长良好，并形成了湖北咸宁、江苏苏州、广西桂林、浙江杭州和四川成都五大全国有名的桂花商品生产基地。

形态特征与生活习性

◆桂花

桂花，木樨科木樨属常绿灌木或小乔木，高 1.5～8 米。树冠圆头形、半圆形、椭圆形。树皮粗糙，叶灰褐色或灰白色，椭圆形、长椭圆形、卵形至披针形，全缘或上半部疏生细锯齿。叶对生。花 3～5 朵生于叶腋，多着生于当年春梢，两或三年生枝上亦有着生，每朵花花瓣 4 片香气极浓。叶腋生成聚伞状，花小，黄白色，极芳香。树皮光滑，呈灰色。单叶对生，革质光亮，叶形及叶缘因品种而不同叶缘有全缘或具锯齿。花腋生呈聚伞花序，花形小而有浓香，花色因品种而异。有生长势强、枝干粗壮、叶形较大、叶表粗糙、叶色墨绿、花色橙红的丹桂；有长势中等、叶表光滑、叶缘具锯齿、花呈乳白色的银桂，且花朵茂密、香味甜郁；生长势较强、叶表光滑、叶缘稀疏锯齿或全缘、花呈淡黄色、花朵稀疏、淡香。

桂花喜温暖环境，宜在土层深厚、排水良好、肥沃、富含腐殖质的偏酸性砂质壤土中生长。桂花不耐干旱瘠薄，在浅薄板结贫瘠的土壤上，生长特别缓慢，枝叶稀少，叶片瘦小，叶色黄化，不开花或很少开花，甚至有周期性的枯顶现象，严重时桂花整株死亡；它喜阳光，但有一定的耐阴能力。幼树时需要有一定的蔽荫，成年后要求有相对充足的光照才能保证桂花的正常生长。桂花喜欢洁净通风的环境，不耐烟尘危害，受害后往往不能开花；畏淹涝积水，若遇涝渍危害，则根系发黑腐烂，叶片先是叶尖焦枯，随后全叶枯黄脱落，进而导致全株死亡；不很耐寒，但相对其他常绿阔叶树种，还是一个比较耐寒的树种，这为北方桂花盆栽提供了较多的可能。

点 击

除秋季9月至10月与上列品种同时开花外，还可每2个月或3个月又开一次的四季桂。

四大品种群

桂花由于久经人工栽培、自然杂交和人工选择，形成了丰富多样的栽培品种。近年来，全国各主要城市对桂花资源及品种进行了广泛调查，实地记录桂花开花性状，对各种类型桂花的性状进行分析、比较，选择出较稳定的遗传性状，并考虑传统分类的方法和园林生产上的应用，鉴定整理出桂花的四个品种群。

◆四类桂花品种

金桂：

金桂花朵金黄，气味较浓，叶片较厚。

金桂品种群：秋季开花，花柠檬黄淡至金黄色，有“大花金桂”“大叶黄”“潢川金桂”“晚金桂”“圆叶金桂”“金球桂”等品种。

◆桂花结果

银桂：

银桂花朵颜色较白，稍带微黄，气味较浓，叶片较薄。

银桂品种群：秋季开花，花色纯白、乳白、黄白色、浅黄色，有“籽银桂”（结籽），“九龙桂”“早银桂”“晚银桂”“白洁”等品种。

丹桂：

丹桂花朵颜色橙黄，气味适中，叶片厚，色深。

丹桂品种群：秋季开花，花色较深，橙黄、橙红至朱红色，有“大花丹桂”“齿丹桂”“朱砂丹桂”“宽叶红”等品种。

四季桂：

四季桂别称月月桂。花朵颜色稍白，或淡黄，香气较淡，叶片薄，长年开花。

四季桂品种：四季开花，有“月月桂”“日香桂”“大叶佛顶珠”“齿叶四季桂”等品种。

各地可以根据不同的需要，选择不同的品种进行繁殖。例如以采花为目的宜选用花繁而密的丰产型，如开花、落花整齐的“潢川金桂”“金桂”“籽银桂”“大花丹桂”“橙红丹桂”等。以观花闻香为目的，宜选用“大花丹桂”“籽丹桂”“朱砂丹桂”“大花金桂”“圆瓣金桂”等。作灌木、盆栽、盆景，宜选用“日香桂”“大叶佛顶珠”“月月桂”“四季桂”“九龙桂”“柳叶桂”等，用作乔木或作庭园主景宜选“大叶黄银桂”“金桂”“大叶丹桂”“大丹金桂”“橙红丹桂”。

小知识——桂花的果实

民间有“铁树开花常见，桂花结果稀奇”的俗语。桂花树结出的果实称“桂子”，与“贵子”音同，也被人视为一种吉祥的象征。

观察身边的桂花树，你有没有见过桂花树结果呢?

其实，桂花树开花结果是正常现象，只要树龄成熟，周边水、肥、温度、土壤、大气等环境适宜，桂花树就可以开花结果，通常是每年 9～10 月开花，次年 4 月果熟，只是这种现象非常罕见。

药用价值与食疗

◆桂花

药用价值：

桂花的花、果实及根入药。秋季采花；冬季采果；四季采根，分别晒干。

花：散寒破结，化痰止咳。用于牙痛，咳喘痰多，经闭腹痛。

果：暖胃，平肝，散寒。用于虚寒胃痛。

根：祛风湿，散寒。用于风湿筋骨疼痛，腰痛，肾虚牙痛。

食疗价值：

秋季开花时采收，阴干，拣去杂质，密闭贮藏备用；亦可鲜用。

小资料——桂花酒的传说

传说古时候两英山下，住着一个卖山葡萄酒的寡妇，她为人豪爽善良，酿出的酒味醇甘美，人们尊敬她，称她仙酒娘子。一年冬天，天寒地冻。清晨，仙酒娘子刚开大门，忽见门外躺着一个骨瘦如柴、衣不遮体的汉子，看样子是个乞丐。仙酒娘子摸摸那人的鼻口，还有点气息，就把他背回家里，先灌热汤，又喂了半杯酒，那汉子慢慢苏醒过来，激动地说：“谢谢娘子救命之恩。我是个瘫痪人，出去不是冻死也得饿死，你行行好，再收留我几天吧。”仙酒娘子为难了，常言说，“寡妇门前是非多”，像这样的汉子住在家里，别人会说闲话的。可是再想想，总不能看着他活活冻死、饿死啊！她终于点头答应，留他暂住。果不出所料，关于仙酒娘子的闲话很快传开，大家对她疏远了，到酒店来买酒的一天比一天少了。但仙酒娘子忍着痛苦，尽心尽力照顾那汉子。后来，人家都不来买酒，她实在无法维持，那汉子也就不辞而别不知所往。仙酒娘子放心不下，到处去找，在山坡遇一白发老人，挑着一担干柴，吃力地走着。仙酒娘子正想去帮忙，那老人突然跌倒，干柴散落满地，老人闭着双眼，嘴唇颤动，微弱地喊着：“水、水、……”荒山坡上哪来水呢？仙酒娘子咬破中指，顿时鲜血直流，她把手指伸到老人嘴边，老人忽然不见了。一阵清风，天上飞来一个黄布袋，袋中贮满许许多多小黄纸包，另有一张黄纸条，上面写着：“月宫赐桂子，奖赏善人家。福高桂树碧，寿高满树花。采花酿桂酒，先送爹和妈。吴刚助善者，降灾奸诈滑”。仙酒娘子这才明白，原来这瘫汉子和担柴老人，都是吴刚变的。这事一传开，远近都来索桂子。善良的人把桂子种下，很快长出桂树，开出桂花，满院香甜，无限荣光。心术不正的人，种下的桂子就是不生根发芽，使他感到难堪，从此一心向善。大家都很感激仙酒娘子，是她的善行，感动了月宫里管理桂树的吴刚大仙，才把桂子酒传向人间，从此人间才有了桂花与桂花酒。

◆桂花酒的传说

庭院中的当家花旦——蔷薇

◆蔷薇花

蔷薇是人类栽培的第一种庭园植物，也许没有别的花像蔷薇这样为人们熟知和喜爱。它的花色彩鲜艳，芳香扑鼻，在古代的许多神话和童话中都提到过它，几千年来有好多诗人也都歌颂过它。南朝江洪《咏蔷薇》：“当户种蔷薇，枝叶太葳蕤。”唐朝韩愈《题于宾客庄》：“榆荚车前盖地皮，蔷薇蘸水笋穿篱。”蔷薇花的颜色多种多样，从白色到不同色调的黄色、粉红色直到深绯红色或紫酱色，以及已育成许多美丽的混合多种颜色的品种。

形态特征

◆蔷薇果

蔷薇属于落叶灌木。植株丛生，蔓延或攀缘，小枝细长，不直立，多被皮刺，无毛。叶互生，奇数羽状复叶，小叶 5～9 片，倒卵形或椭圆形，先端急尖，边缘有锐锯齿，两面有短柔毛，叶轴与柄都有短柔毛或腺毛；托叶与叶轴基部合生，边缘篦齿状分裂，有腺毛。多花簇生组成圆锥状聚伞花序，花多朵，花径2～3厘米。花瓣5枚，先端微凹，野生蔷薇为单瓣，也有重瓣栽培品种。花有红、白、粉、黄、紫、黑等色，红色居多，黄蔷薇为上品，具芳香。每年开花一次，花期5～6月。果近球形，红褐色或紫褐色，径约6毫米，光滑无毛。

复杂的家庭成员

蔷薇属于蔷薇科蔷薇属植物，约100种，多年生灌木或藤本。蔷薇主要原产于北半球温暖地区。大部分原产于亚洲，小部分原产于北美，极少数种类原产于从欧洲到非洲西北部一带。来自世界不同地区的蔷薇容易杂交，从而产生与亲本具有某些共同特征的类型，因此要确定其基本种类很不容易。在100多种蔷薇中，只有不到10种（多原产于亚洲）用来杂交，育成今天种类甚多的植于庭园的蔷薇。很多栽培种花芳香而美丽，常为白色、黄色、橙色、粉红色蔷薇或红色；野生蔷薇花单生或成小簇；花瓣通常5枚，栽培种常重瓣。茎通常具多数形状大小不同的刺。羽状复叶，互生，小叶近卵形，具锐齿。果为假果，由花托发育而成，肉质，浆果状，称蔷薇果，有的可食。

◆白色蔷薇花

◆野蔷薇

栽种于庭园的蔷薇有几个重要的类群。最著名、种植最广泛的类群为杂交茶蔷薇，占温室及花园中种植的蔷薇和花店中出售的蔷薇的大部分。蔷薇的所有颜色在杂交茶蔷薇中都能见到，而且杂交茶蔷薇花大，对称。

◆玫瑰

◆月季

茶蔷薇开花频繁，但脆弱，将它与茁壮的四季开花的杂交四季蔷薇进行杂交繁育，即育成杂交茶蔷薇。杂交四季蔷薇原来极受欢迎，直至20世纪初为杂交茶蔷薇所取代。多花蔷薇是一类耐寒，花小而密生成串的蔷薇。丰花蔷薇耐寒，是杂交茶蔷薇与多花蔷薇杂交繁育而成。大花蔷薇是较新的一类杂交蔷薇，由杂交茶蔷薇与丰花蔷薇杂交繁育而成，为高大、耐寒的灌木，花大而多。其他的现代蔷薇种类有：攀缘蔷薇，茎细长，可爬上棚架生长；灌木蔷薇，生长成大灌丛；微型蔷薇，株型极小，花小。以上各类型的蔷薇已鉴定的约13000个品种。

常见栽培的主要变种有：粉团蔷薇，花型较大，单瓣，粉红或玫瑰红色，多花簇生呈伞房状；荷花蔷薇，花重瓣，粉色至桃红色，多数簇生；七姊妹，花重瓣，深粉红色，常7～10朵簇生在一起，具芳香；白玉堂，花白色，重瓣，常7～10朵簇生；日本无刺蔷薇，花白色，单瓣，一枝多花，聚状开放。

月季、玫瑰和蔷薇三者是同科同属的姊妹花，形态上有近似之处，因此不少人常将三者混同，把月季、蔷薇统统称为玫瑰，或将玫瑰叫月季。但仔细观察，它们的区别是较明显的。

一是枝条不同：月季枝条直立稍扩张，枝上常有少量的钩状皮刺；玫瑰直立，枝上多刺和刚毛；蔷薇茎干细长，枝条蔓生或攀缘多刺。

二是叶片不同：月季小叶少，一般为3～5片，叶面较平展，不凹陷，无皱纹；玫瑰小叶为5～9片，质地较厚，叶脉凹陷，叶面多皱纹，叶背附有一层白霜似的柔毛；蔷薇小叶较多，一般为7～9片，叶缘有齿，叶两面有柔毛。

三是花朵不同：月季一般为顶花单生，也有数朵簇生的，花朵大，花径一般在6厘米以上，每年开花4～6次，色彩丰富，多为重瓣；玫瑰花单生或簇生，每年5～8月只开花一次，香气比月季、蔷薇浓，花柄短，花径约3厘米左右，花多为紫红色，有单瓣和重瓣种；蔷薇花常6～7朵簇生，呈圆锥状伞房花序，生于枝端，花朵大小同玫瑰，花形、花色因品种而异，有红、粉、黄、白等色。每年夏季开花一次。

广角镜——最大的蔷薇树

蔷薇通常是有刺的小灌木，长得一丛丛的。可是在美国的亚利桑那州有一棵蔷薇，长得像大树，它的树干直径有1.41米，高达2.75米。它的枝条遮盖着501.3平方米的地面，用了68根柱子和许多铁管作为支架。在这棵树下，可以坐150个人乘凉。这该是世界最大的蔷薇树了。

极高的经济价值

蔷薇树性强健，初夏开花，花繁叶茂，鲜艳夺目，芳香清幽。可用于垂直绿化，布置花墙、花门、花廊、花架、花格、花柱、绿廊、绿亭，点缀斜坡、水池坡岸，装饰建筑物墙面或植花篱。也是嫁接月季的优良砧木。除此之外，蔷薇花具有极高的经济价值，可从中提取芳香油和香精，尤其是大马士革蔷薇的花，可用于制造香水。蔷薇的果实——蔷薇果，可提取维生素C，有时用以制蜜饯。野生蔷薇子和根还可入药。中医称蔷薇性寒凉，味苦涩，有清暑和胃、利湿祛风、和血解毒之功效，被收入《本草纲目》之中。

轶闻趣事——《圣经》故事与“买笑花”

在基督教的赞美诗中，蔷薇是圣母玛利亚的别名。有人做过统计，《圣经》

◆荷花蔷薇

中至少有 8 处提到了蔷薇。古罗马时代，贵族每逢举行盛大宴会，主人要为来宾戴上蔷薇花冠，用蔷薇露招待客人洗手，并请客人品尝“蔷薇花布丁”“蔷薇花美酒”，后来甚至演化到“挥花如土”的奢侈程度。像罗马皇帝尼禄，每举行一次宫廷盛宴，起码要耗费上千千克的蔷薇花朵。按照他的旨意，庆典一开始，宫女就要绵绵不断地向来宾身上抛洒蔷薇花瓣，一直到宴会结束。所以蔷薇在那个特定的时代，一度变成了纵欲和奢靡的同义词。

我国栽培蔷薇的历史悠久，蔷薇古时又称为墙蘼、刺玫、山棘、卖笑花等。至于“买笑花”一名，还有一段有趣的传说。相传汉武帝与爱妃丽娟同游御花园，正值蔷薇花蕾初绽，态若含笑。汉武帝说：“此花绝胜佳人笑也。”丽娟戏答：“笑可买乎?”帝曰：“可以。”丽娟接着说：“有钱能买花枝笑，妾笑何无买笑钱?”武帝遂赐黄金百两，以买佳人一笑。从此，蔷薇便被人们称为“买笑花”。

优雅之树——广玉兰

广玉兰，木兰科，木兰属。由于花朵很大，形似荷花，固又称“荷花玉兰”。广玉兰原产于美洲，所以又有人称它为“洋玉兰”。

◆荷花玉兰

广玉兰树姿优雅，四季常青，病虫害少，因而是优良的行道树种，不仅可以在夏日为行人提供必要的庇荫，还能很好地美化街景。

形态特征与生长习性

◆优雅之树——广玉兰

广玉兰，常绿大乔木，高20～30米。树皮淡褐色或灰色，薄鳞片状开裂。枝与芽有锈色细毛。叶互生；叶柄长1.5～4厘米，背面有褐色短柔毛；托叶与叶柄分离，无托叶；叶革质，叶片椭圆形或倒卵状长圆形，长10～20厘米，宽4～10厘米，先端钝或渐尖，基部楔形，上面深绿色，有光泽，下面淡绿色，有锈色细毛，侧脉8～9对。花芳香，白色，呈杯状，直径15～20厘米，开时形如荷花；花梗精壮具茸毛；花被9～12片，倒卵形，厚肉质；雄蕊多数，长约2厘米，花丝扁平，紫色，花药向内，药隔伸出成短尖头；雌蕊群椭圆形，密被长绒毛，心皮卵形，长1～1.5厘米，花柱呈卷曲状。聚合果圆柱状长圆形或卵形，密被褐色或灰黄色绒毛，果先端具长喙。种子椭圆形或卵形，侧扁，长约1.4厘米，宽约6毫米。花期5～6月份，果期10月份。

广玉兰生长喜光，幼时稍耐阴。喜温暖湿润气候，有一定的抗寒能力，适生于高燥、肥沃、湿润与排水良好的微酸性或中性土壤，在碱性土种植时易发生黄化，忌积水和排水不良。

点击——白玉兰与广玉兰

◆广玉兰叶子背面

◆白玉兰

白玉兰和广玉兰，名字才差一个字，都属于木兰科的大型树种，树形、叶子和花的大致形状也比较相似，如果不注意一下是容易混淆的。然而，它们毕竟还是有不少区别，大致归纳如下几点：

从叶子上看，白玉兰的叶子是较浅的绿色，正反面差不多。而广玉兰的叶子比较有特色，很厚，类似革质，正面深绿色，油亮光泽，背面呈褐色绒毛状表面。

从叶子生长看，白玉兰冬天落叶，整棵树光秃秃的。而广玉兰是常绿乔木，没有明显的落叶季节。

从花朵来看，白玉兰每年初春，未叶先花，盛开时候，整树是大朵大朵的玉兰花，非常壮观漂亮。等花谢的时候，才开始萌发叶子。而广玉兰基本上是春夏之交开花，一棵树上的花朵相对较少，且点缀在绿叶之间，气势上远不如白玉兰之盛开。

广玉兰与白玉兰如何区分?

白玉兰为上海市的市花，在康熙四十七年修成的《佩文斋广群芳谱》记载："玉兰花九瓣，色白微碧，香味似兰，故名。"色如玉，香如兰，玉兰也。文人墨客咏兰之作，多以白玉兰为主。明沈周的"翠条多力迎风长，点破银花玉雪香。韵友自知人意好，隔帘轻解白霓裳"，文徵明的"绰约新妆玉有辉，素娥千队雪成围"都是赞誉那玉洁冰清的白玉兰。

净化空气　美化环境

荷花玉兰树姿雄伟壮丽，叶大荫浓，花似荷花，芳香馥郁，为美丽的园林绿化观赏树种，宜孤植、丛植或成排种植。荷花玉兰还能耐烟抗风，对二氧化硫等有毒气体有较强的抗性，故又是净化空气、保护环境的好树种。广玉兰花、叶均可入药或提取香精。

在绿化带应用中，将广玉兰与红叶李间植，并配以桂花、海桐球等，不仅在空间上有层次感，而且色相上又有很大的变化，打破了序列空间的单调，产生一种和谐的韵律感，取得了很好的效果。广玉兰在庭园、公园、游乐园、墓地均可采用。大树可孤植草坪中，或列植于通道两旁；中小型者，可群植于花台上。北京大觉寺、颐和园、碧云寺等处均配植于古建筑间。与西式建筑尤为协调，故在西式庭园中较为适用。

知识广播

广玉兰嫁接常用木兰（木笔、辛夷）作砧木。3～4月，采取广玉兰带有顶芽的健壮枝条作接穗，剪去叶片，用切接法在砧木距地面3～5厘米处嫁接。接后培土，微露接穗顶端，促使伤口愈合。

广玉兰的大家庭（木兰属）

广玉兰，木兰科，木兰属，约90种，分布于北美至南美的委内瑞拉东南部和亚洲的热带及温带地区，我国约有30种，广布于南北各省，大部分为美丽的观赏树。大灌木或乔木；叶常绿或脱落，通常全缘；花常大而美

◆紫玉兰

丽，白色，顶生；花被片9～12，有时外轮3片萼状；雄蕊多数；心皮多数；卵形，聚生于一无柄、延长的花托上，结果时多少合生成一球果状体。

我们常见的品种有：广玉兰、白玉兰、紫玉兰、黄山玉兰，等等。

民间传说——“玉兰三姐妹”

很久以前，在一处深山里住着三个姐妹，大姐叫红玉兰，二姐叫白玉兰，三姐叫黄玉兰。一天她们下山游玩却发现村子里冷水秋烟，一片死寂，三姐妹十分惊异，向村子里的人询问后得知，原来秦始皇赶山填海，杀死了龙虾公主，从此龙王爷就跟张家界成了仇家，龙王锁了盐库，不让张家界人吃盐，终于导致了瘟疫发生，死了好多人。三姐妹十分同情他们，于是决定帮大家讨盐。然而这又谈何容易。在遭到龙王多次拒绝以后，三姐妹只得从看守盐仓的蟹将军入手，用自己酿制的花香迷倒了蟹将军，趁机将盐仓凿穿，把所有的盐都浸入海水中。村子里的人得救了，三姐妹却被龙王变作花树。后来人们为了纪念她们，就将那种花树称作“玉兰花”，而她们酿造的花香也变成了她们自己的香味。故事很简单，也很唯美，反映了人们对美好事物的追求、对完美的向往。

大有文章——香樟

香樟属于乔木，高达50米，树龄成百上千年，可称为参天古木，为优秀的园林绿化林木。树皮幼时绿色、平滑，老时渐变为黄褐色或灰褐色纵裂；冬芽卵圆形。樟树枝叶秀丽，树大荫浓，四季常青而具香气。樟树名称之由来，依《本草纲目》解释："其木理多文章，故谓之樟"，意思是说香樟木材上有许多纹路，像是大有文章的意思，所以就在"章"字旁加一个木字作为树名。

外形及生长习性

香樟叶薄革质，卵形或椭圆状卵形，长 5～10 厘米，宽 3.5～5.5 厘米，顶端短尖或近尾尖，基部圆形，离基 3 出脉，近叶基的第一对或第二对侧脉长而显著，背面微被白粉，脉腋有腺点。圆锥花序生于新枝的叶腋内。果球形，熟时紫黑色。花期 4～6 月，果期 10～11 月。

◆香樟树

广角镜——参天大树

香樟树冠广展，枝叶茂密，气势雄伟，是优良的行道树及庭荫树。香樟根系发达，深根性，能抗风，但遇硬物就停止生长，对建筑物不会造成危害；香樟喜光，稍耐荫；喜温暖湿润气候及肥沃、深厚的酸性或中性沙壤土，但不耐干旱、

◆天宝岩古樟树

瘠薄和盐碱土；萌芽力强，耐修剪，是比较适宜栽种的树种，目前已在城区及乡镇普遍栽培。

香樟生长速度中等，存活期长，可以生长为成百上千年的参天古木，有很强的吸烟滞尘、涵养水源、固土防沙和美化环境的能力。此外，香樟具有抗海潮风及耐烟尘和抗有毒气体能力，并能吸收多种有毒气体，较能适应城市环境。

香樟主要生长于亚热带土壤肥沃的向阳山坡、谷地及河岸平地；分布于长江以南及西南，生长区域垂直海拔可达 1000 米，在我国尤其以四川省宜宾地区生长面积最广。樟树已在 2006 年被推选为宜宾市的“市树”。

香樟的文化内涵

香樟是江南民间及寺庙喜种的传统风水树和景观树，古时即有“前樟后朴”之种植习俗，现存古树极多。香樟具避邪、长寿、庇福及吉祥等寓意。民间素有让孩子认樟树为继娘的传统信仰，以便让孩子像樟树那样长命百岁，故常称古樟为“樟树娘娘”。民间过去还有女儿出生时在门前种一株樟树之习俗，以供嫁女时制作嫁妆之用。

有樟必有才，樟树是贤才之代称。《南史·王俭传》中即将樟树比作贤才：“俭幼笃学，手不释卷，丹阳尹粲闻其名，及见之曰：宰相之门也，栝、柏、豫章，虽小已有栋梁气，终当任人家国事。”可见樟与栝（圆柏）、柏（侧柏），都是理想的比德树木。

知识库——香樟树的神奇效用

樟树枝叶秀丽，树大荫浓，四季常青而具香气。香樟树对氯气、二氧化硫、臭氧及氟气等有害气体具有抗性，能驱蚊蝇，能耐短期水淹，较能适应城市环境，同时它也是生产樟脑的主要原料。

◆香樟树雕《清明上河图》

香樟作为亚热带地区（西南地区）重要的材用和特种经济树种，根、木材、枝、叶均可提取樟脑、樟油。油的主要成分为樟脑、松油二环烃、樟脑烯、柠檬烃、丁香油酚等。樟脑供医药、塑料、炸药、防腐、杀虫等用，樟油可作农药、选矿、制肥皂、假漆及香精等原料；木材质优，抗虫害、耐水湿，供建筑、造船、家具、箱柜、板料、雕刻等用，樟树的木材耐腐、防虫、致密、有香气，是家具、雕刻的良材。

香樟的故事

◆樟树林

相传清朝末年崇义县龙勾乡合坪村住着一对小夫妻，男的叫谢宪桂，女的叫赖氏，他们住的是茅草房，穿的是破烂衣裳，但心地善良、相亲相爱，日子也算过得甜美。秋天的一个傍晚，收工回家的夫妻俩突然发现天上飞落一白色东西，落在自家门前，走过去一看，发现是一对白仙鹤正在扑闪扑闪，似乎受了伤的样子，并发出痛苦的叫声，夫妇俩看了看，动了恻隐之心，把它们抱回了家，紧接着熬药的熬药，喂水的喂水，经过他们的细心照料，不到半个月，那对仙鹤的伤就痊愈了。众人见了，都劝他们把仙鹤卖了，这样就可以换回一大笔钱，夫妇俩摇了摇头说："仙鹤是天上的神物，只能在空中飞翔，如果卖了，会遭天打五雷轰的。"说罢，夫妇俩各捧着一只仙鹤，在门前古樟树下放飞了。没想到的是，仙鹤飞到半空却突然回过头来，向夫妇俩连叫三声，以示道别，然后就箭一般地向东飞去了。

过了几天，在放飞仙鹤的地方，竟然奇迹般地长出了两株香樟，天气虽旱，但香樟却长得青翠欲滴、生机勃勃，夫妻俩喜出望外，经常给它们浇水、施肥。几十年过去了，昔日的年少夫妻转眼间变成了白发苍苍的老“仙翁”，香樟此时也长成了郁郁葱葱的参天大树。至此，老人的家境不仅变得殷实、富足了，而且子孙满堂。临终时，96 岁的谢宪桂老人望着跪在病榻前的子孙，深情地说：“我这一生对你们没有什么要求，只希望你们以后要照看好门前的那两株香樟。”从此，他们一代又一代地护树、爱树，邻里也由此变得团结了，人们也变得勤奋朴实了。

动动手——防蚊去毒

夏天如果到户外活动时可以试试看：摘取樟树的叶片，揉碎后涂抹在手脚表面上，有防蚊的功效。科学研究证明，樟树所散发出的松油二环烃、樟脑烯、柠檬烃、丁香油酚等化学物质，有净化有毒空气的能力，有抗癌功效，过滤出清新干净的空气，沁人心脾。

上帝之树——雪松

古代腓尼基人传说雪松是由上帝栽种的，因此称它为“上帝之树”。而《圣经》中则将雪松称为“植物之王”。在黎巴嫩北部山脉海拔 2300 米的地方，有一片由 400 棵雪松组成的雪松林，被称为上帝雪松。

◆雪松

雪松树体高大，树形优美，为世界著名的观赏树。与金钱松、南洋杉、日本金松、美国希佳木，共称世界五大园林观赏树种。下面就让我们更加深入地了解一下它吧。

形态特征与生长习性

雪松为常绿乔木，能长到高达 50 米以上。树干笔直，大枝不规则轮生，树冠尖塔形，大枝平展，小枝略下垂。叶针形，质硬，灰绿色或银灰色，在长枝上螺旋状散生，短枝上簇生。10～11 月开花。球果翌年 10 月成熟，椭圆状卵形，形大直立，熟时赤褐色。

◆雪松球果

雪松，是松科，雪松属。原产于喜马拉雅山脉海拔 1500～3200 米的地带和地中海沿岸海拔 1000～2200 米的地带，广泛分布于不丹、尼泊尔、印度及阿富

◆黎巴嫩雪松

汗等地，又称喜马拉雅雪松，枝叶经年为雪霜覆盖，其名雪松，恰到好处，而且雪松虽然生长较慢，寿命却很长，几乎可与“世界爷”红杉相媲美。

雪松喜光，亦有一定耐荫能力，喜凉爽湿润气候，对温度变化的适应性相当强，适生于土层深厚、排水良好的中性或微酸性土壤，忌水湿，土中积水往往导致其生长不良，甚至死亡。

小知识——裸子植物

◆高大优美的雪松

裸子植物为种子植物中较低级的一类，具有颈卵器，既属颈卵器植物，又是能产生种子的种子植物。它们的胚珠外面没有子房壁包被，不形成果皮，种子是裸露的，故称裸子植物。

裸子植物出现于古生代，中生代最为繁盛，后来由于地史的变化，逐渐衰退。现代裸子植物约有800种，隶属5纲，即苏铁纲、银杏纲、松柏纲、红豆杉纲和买麻藤纲，9目，12科，71属。我国有5纲，8目，11科，41属，236种及一些变种和栽培种。

裸子植物很多为重要林木，尤其在北半球，大的森林80%以上是裸子植物，如落叶松、冷杉、华山松、云杉等。多种木材质轻、强度大、不弯、富弹性，是很好的建筑、车船、造纸用材。

裸子植物是原始的种子植物，其发生发展历史悠久。最初的裸子植物出现在古生代，在中生代至新生代，它们是遍布各大陆的主要植物。现代生存的裸子植物有不少种类出现于第三纪，后又经过冰川时期而保留下来，并繁衍至今的。据统计，目前全世界生存的裸子植物约有850种，隶属于79属和15科，其种数虽仅为被子植物种数的0.36%，却分布于世界各地，特别是在北半球的寒温带和亚热带的中山至高山带，常形成大面积的各类针叶林。

小资料

“所罗门神殿”的屋顶

早在公元前17世纪，“所罗门神殿”的屋顶就是用黎巴嫩雪松建造的，数千年来一直吸引着世界各地的游客。据考证，当年修建这座神殿曾动用了8万奴隶，几乎将远近各地的雪松砍伐殆尽。

坚实耐用的好木材

木材坚实又耐用

雪松木材轻软，具树脂，不易受潮，但同时又坚实、纹理致密，是建筑、桥梁、枕木、造船等的好材料。在古代，黎巴嫩山遍布广袤无垠的雪松，但现在已经所剩无几。雪松的木材曾为亚述人、巴比伦人和波斯人还有腓尼基人广泛使用。埃及人用它们造船，所罗门用它们修建了“耶路撒冷第一寺”，奥斯曼帝国也曾用雪松修建铁路系统。

雪松最适宜孤植于草坪中央、建筑前庭之中心、广场中心或主要建筑物的两旁及园门的入口等处。其主干下部的大枝自近地面处平展，长年不枯，能形成繁茂雄伟的树冠，此外，列植于园路的两旁，形成甬道，亦极为壮观。并且，雪松也时常作为广场绿化中必不可少的一种植物。它还有“树木皇后”之美称。

观赏及其他用途

雪松也常用来制作盆景。雪松树体高大耸直，侧枝平垂舒展。制作盆景须利用其自然形态，树形以直干式、双干式、斜干式、丛林式为好。枝叶通过扎剪，可做成层片状或云片状，养护多年，即可成刚柔兼蓄，姿态优雅的盆景佳品。

雪松的木材经过蒸馏可以得到雪松精油。另外，雪松对大气中的氟化氢及二氧化硫有较强的敏感性，可作为大气检测植物。雪松还可入药，据《新民晚报》报道，科学家发现，雪松针叶中的化学物质可以提高动物的记忆力。

知识广播

印度民间视雪松为圣树，印度克什米尔哈马丹国王清真寺的圆柱全部是用雪松制成，至今完好无损，未见腐烂之痕。

万花筒

上帝雪松在《圣经》中被提到过70多次，并被视为救世主的象征，它们曾备受希律王、亚历山大和恺撒等历史人物的重视。《吉尔伽美什史诗》也提到了上帝雪松。

小资料——生活的艺术

加拿大魁北克有一条南北走向的山谷，山谷无特别之处，唯一引人注目的是它的西坡长满松、柏、女贞等树，而东坡却只有雪松。这一奇异景象，许多人不知所以然，然而揭开这个谜的，竟是一对夫妇。1993年冬天，这对夫妇来到这个山谷，这时下起了大雪，他们支起帐篷，望着满天飞雪，发现由于特殊的风向，东坡的雪总比西坡的大而密。不一会儿，雪松上就落下了厚厚的一层雪。不过当雪积到一定程度，雪松那富有弹性的枝丫就会向下弯曲，直到雪从枝上滑落。这样反复地积，反复地弯，雪松完好无损，可其他的树却因没有这个本领，树枝被压断了。妻子发现了这一景观，对丈夫说："东坡肯定也长过杂树，只是不会弯曲才被大雪摧毁的。"少顷，两人突然明白了什么……

对于外界的压力要尽可能地去承受，在承受不了的时候，学会弯曲一下，像雪松一样让一下，这样就不会被压垮。弯曲不是倒下和毁灭，它是人生的一门艺术！

行道树之王——悬铃木

◆南京紫金山梧桐树

悬铃木树干高大，枝叶茂盛，生长迅速，易成活，耐修剪，并且抗空气污染能力较强，叶片具吸收有毒气体和滞积灰尘的作用，所以广泛栽植作行道绿化树种，素有“行道树之王”的美誉。在伦敦、巴黎、布鲁塞尔等欧洲城市随处可见，我国上海、南京、武汉、杭州、青岛、西安、郑州等城市也有引进种植。

悬铃木既可指一个属，也可专指一个种。下面就让我们分别来谈一谈。

悬铃木的分类

◆二球悬铃木

悬铃木，即可专称“三球悬铃木”，也是悬铃木属植物的通称，俗称梧桐树，包括一球悬铃木（美国梧桐）、二球悬铃木（英国梧桐）、三球悬铃木（法国梧桐）三种。

通常人们所称的悬铃木也专指三球悬铃木。它的原产地为南欧、中东、中亚。但是目前我国人们通常也把整个悬铃木属的三种悬铃木

◆一球悬铃木

都统称为法国梧桐，其实是不准确的。我们目前种植的悬铃木以二球悬铃木居多，三球悬铃木古代即有引进，但未形成栽种规模。

因为二球悬铃木非常耐污染，少虫害，因此十分适合作为城市绿化的行道树种，但是由于各种原因，它的寿命要比一般的树要短一点。目前这个树种已经分布到世界各地的温带区域，是各大城市最常见到的树种，作为行道树和公园绿化树，杂交品种比原亲本北美悬铃木更能抵御虫害，比三球悬铃木更耐寒。

形态与生长习性

悬铃木为落叶乔木，高 20～30 米，枝条开展，树冠阔钟形；干皮灰褐色至灰白色，呈薄片状剥落。幼枝、幼叶密生褐色星状毛。叶掌状 5～7 裂，深裂达中部，裂片长大于宽，叶缘有齿牙，掌状脉；托叶圆领状。花序头状，黄绿色。多数坚果聚全叶球形，3～6 球成一串，宿存花柱长，呈刺毛状，果柄长而下垂。花期 4～5 月；果 9～10 月成熟。

◆悬铃木

悬铃木喜光，喜温暖湿润气候，较耐寒，适生于微酸性或中性、排水良好的土壤，微碱性土壤虽能生长，但易发生黄化。根系分布较浅，台风时易受害而倒斜。抗空气污染能力较强，叶片具吸收有毒气体和滞积灰尘的作用。本种树干高大，枝叶茂盛，生长迅速，易成活，耐修剪，所以广泛栽植作行道绿化树种，也为速生材用树种；对二氧化硫、氯气等有毒气体有较强的抗性。

悬铃木因果实为球形，3～6 颗汇集成一串，下垂如铃铛而得名。悬铃木一属有 8 种，原产北美洲墨西哥、地中海和印度一带。本属植物都是乔木，一般生长在河边或湿地等有充足水分的地带，但人工栽培后也有一定的耐旱能力。其花雌雄同株，密聚成球形的头状花序，无花萼，每一个小雄花有 3～8 个雄蕊，雌花有 3～7 个雌蕊，为风媒花，授粉后雄花脱落。雌花逐渐形成只有 1 毫米的小坚果组成的毛球，球散后，种子带毛，随风飞扬散播，类似蒲公英。

轶闻趣事——梧桐旅馆

在悬铃木的原产地，直径 2 米以上的悬铃木比比皆是。阿塞拜疆塞拉巴镇的一株 800 岁高龄的悬铃木非常有趣：人们将其树干基部的空洞略加修饰，先后开办过学校、镇公所、图书馆和百货店。现在，这里是一家天下无双的小旅馆，每天慕名前来的“房客”络绎不绝。

我国悬铃木的栽培历史

引入我国栽植的悬铃木有 3 种。悬铃木果序柄的果实，有的 1 个果球，有的 2 个果球，有的 3 个以上果球，因此名称就不同，分别叫作一球悬铃木、二球悬铃木和三球悬铃木，这是三个不同的种。

◆旧霞飞路

一球悬铃木，原产北美洲，多分布于美国中南部纬度偏北、经度偏东的地区。

三球悬铃木，又叫裂叶悬铃木、鸠摩罗什树。原产地是亚洲西部以至印度一带，古罗马人把三球悬铃木传播到欧洲各地，包括法国。公元 401 年，印度高僧鸠摩罗什到中国传播佛教，携带这种树，种植于西安附近的户县古庙前，至今尚存，树干得

◆新淮海中路

有4人才能合抱，是我国最早引种的悬铃木。

17世纪的英国人用法国的三球悬铃木和来自美国的一球悬铃木杂交出来二球悬铃木，并称之为“伦敦悬铃木”，后来引种到法国和欧洲大陆其他地区。奥斯曼规划的巴黎主干道奥斯曼大道两侧栽植了高大的二球悬铃木作为行道树，成为日后各个大都市林荫大道的楷模。

广角镜——淮海路的梧桐树

三球悬铃木既非梧桐，又非法国原产。那这个外号又是怎么得来的呢？

原来是因为这种原产于欧洲东南部和印度的植物，刚开始引入我国时，是种植在上海的法租界霞飞路（今淮海中路一带作为行道树），又加上它的叶片与梧桐叶子很相似，于是就有人称之为法国梧桐了。之后以讹传讹，悬铃木就变成法国梧桐了。

20世纪90年代，上海市政府曾大规模砍除原法租界的悬铃木，特别是淮海路两旁有80年历史的参天古树，引发市民不满，当时市民批评此政策为盲目效仿香港市容的拙政。最后在砍除树木以后进行的所谓补种，实为将砍除并已截枝的残树种回原处。

中国的鸽子树
——珙桐

珙（gong）桐在开花季节，树上那一对对白色花朵躲在碧玉般的绿叶中，随风摇动，远远望去，仿佛是一群白鸽躲在枝头，摆动着可爱的翅膀，因而被赞誉为“中国鸽子树”。鸽子树之所以珍贵，还因为它是植物界中著名的“活化石”之一，植物界中的“大熊猫”。它被国家列为一类保护树种，并把分布区列为国家自然保护区。

◆珙桐花

美丽的“鸽子树”

珙桐枝叶繁茂，叶大如桑，花形似鸽子展翅。白色的大苞片似鸽子的翅膀，暗红色的头状花序如鸽子的头部，绿黄色的柱头像鸽子的嘴喙，当花盛开时，似满树白鸽展翅欲飞，并有象征和平的含意。

珙桐为落叶大乔木，高可达20米。树皮呈不规则薄片脱落。单叶互生，在短枝上簇生，叶纸质，宽卵形或近心形，先端渐尖，基部心形，边缘粗锯齿，叶柄长4～5厘米，花杂性。花序下有2片白色大苞片，椭圆状卵形，长8～15厘米，中部以下有锯齿，核果紫绿色，花期4月，果熟期10月。珙桐的花紫红色，由多数雄花与一朵两性花组成顶生的头状花序，宛如一个长着“眼睛”和“嘴巴”的鸽子脑袋，花序基部两片大而洁白的苞片，则像是白鸽的一对翅膀。4～5月间，当珙桐花开时，张张白色的苞片在绿叶中浮动，犹如千万只白鸽栖息在树梢枝头，振翅欲飞，非常美观，因此英语称其为“鸽子树”。

地理分布与生活习性

◆珙桐树

◆珙桐

在我国，珙桐分布很广。正如其名字一样，“珙桐之乡”的珙县王家镇分布着全国数量众多的珙桐。自从1869年珙桐在四川穆坪被发现以后，珙桐先后为各国所引种，以致成为各国人民喜爱的名贵观赏树种。珙桐是被法国传教士大卫神父作为西方人首次发现并命拉丁种名，大卫神父也是为麋鹿命拉丁种名的人。1904年，珙桐被引入欧洲和北美洲，成为有名的观赏树。

珙桐喜欢生长在海拔700～1600米的深山云雾中，多生于空气阴湿处，喜中性或微酸性腐殖质深厚的土壤，在干燥多风、日光直射之处生长不良，不耐瘠薄，不耐干旱。幼苗生长缓慢，喜阴湿，成年树趋于喜光。

广角镜——珙桐何时来到欧洲?

大熊猫的发现者——法国神父大卫1900年前在四川穆平（宝兴）林区发现珙桐树，很快引起了欧美植物学家的重视，纷纷来川寻找珙桐。1900年，英伦园艺公司派遣植物学家威尔逊到中国搜集珙桐种子，1903～1904年，几次将所采集的种子寄回英国繁殖。1897年，法国人法戈斯将他采集到的37枚珙桐树种子送回法国栽种，但只有一枚发了芽，在异邦的土地上生长良好，并于1906年开了花。英国的威尔逊也于1903～1904年寄种于英国育苗种植，并开了花、结了果。在法戈斯、威尔逊之后，西方对"绿色熊猫"珙桐感到极大兴趣的专家、学者多了起来，采集到珙桐种子的人也多了起来。于是，珙桐种植风靡一时。珙桐不仅在一些著名植物园中扎下了根，而且很快出现在欧美的许多城市和街头，以后又陆续进入普通居民的庭院，成了闻名中外的园林观赏树之一。

植物的活化石

珙桐为我国特有的单属植物，是全世界著名的观赏植物。该物种已被列为国家一级重点保护野生植物（国务院1999年8月4日批准）。

珙桐花奇色美，是1000万年前新生代第三纪留下的孑遗植物，在第四纪冰川时期，大部分地区的珙桐相继灭绝，只有在中国南方的一些地区幸存下来，成了植物界今天的"活化石"。作为国家8种一级重点保护植物中的珍品，它是我国独有的珍稀名贵观赏植物，又是制作细木雕刻、名贵家具的优质木材，因其花形酷似展翅飞翔的白鸽，而被西方植物学家命名为"中国鸽子树"。由于森林的砍伐破坏及挖掘野生苗栽植，目前数量较少，分布范围也日益缩小，若不采取保护措施，有被其他阔叶树种代替的危险。

传说故事——"昭君出塞"与"白鸽公主"

关于鸽子树，古今中外流传着许多美丽动人的传说，在此就让我们分享几个。

昭君出塞：

汉代王昭君出塞以后，嫁于匈奴的呼韩邪单于。她日夜思念故乡，写下了一封家书，托白鸽为她送去，白鸽不停地飞翔，越过了千山万水，终于在一个寒冷的夜晚飞到了昭君故里附近的万朝山下，但经过长途飞行，它们已经万分疲倦，便在一棵大珙桐树上停下来，天亮时，被冻僵在枝头，化成美丽洁白的花朵。

◆珙桐

白鸽公主：

在很久很久以前，传说有位君主，只有一位独生女儿，名叫“白鸽公主”，爱如掌上明珠。这位公主品味出奇，不爱金银珠玉，也不嫁王侯公卿，却十分爱好骑射。

一天，公主在森林中打猎，被一条狠毒的蟒蛇死死缠住。正在危急关头，一位名叫珙桐的青年猎手用刀斩断蟒蛇，夺回公主的性命。公主十分敬慕青年猎手的机智和勇敢。两人一见钟情，山盟海誓，公主取下头上的玉钗，从中间掰断，彼此各执一半，作为信物。

公主回宫后，将来龙去脉告之父王，并恳请父王将自己许配给珙桐。不料此事遭到父王的坚决反对，他连夜派遣侍卫将珙桐射死在深山老林。白鸽公主知道后哭得死去活来。在一个雷雨交加的夜晚，她卸去豪华的宫妆，穿上洁白的衣裙，踉踉跄跄地逃出了高墙紧闭的后宫，来到珙桐遇难的地方，放声大哭起来。一直哭得泪珠成血，染红了洁白的素装。忽然雷声大作，暴雨倾盆，一棵小树破土而出，恰像竖立着的半截玉钗，转瞬间，长成了参天大树。

公主情不自禁地伸开双臂扑向大树。霎时间，大雨停了，雷声息了，哭声也听不见了，只见数不尽的洁白的花朵挂满了大树的枝头，花朵的形状宛如活泼可爱的小白鸽，清香美丽。后来，人们就把这种树称作珙桐，以纪念这对忠贞不渝的情人。

走进植物的世界

——植物基本结构和分类

植物有成千上万种，外在特征各不相同，但是，我们可以根据其生理结构进行分类，从大到小依次是界、门、纲、目、科、属、种。关于植物的结构，你有多少了解呢？

植物基本结构有：根、茎、叶；花、果实、种子。根据其功能的不同又可以分为营养结构和生殖结构。那么，植物的营养结构和生殖结构各包括哪些内容？这些结构是如何执行其功能的呢？关于这些，你还有哪些问题需要了解？让我们一起带着这些问题来阅读吧！

精妙的微观世界
——植物细胞

1665年，英国人虎克用他改进了的显微镜观察软木结构，发现并命名了细胞“cell”。虽然他看到的实际上只是植物细胞的细胞壁，但是却引起了人们对植物和动物的显微结构进行广泛研究的兴趣。在对许多动、植物进行观察的基础上，逐渐形成了“一切生物体是由细胞组成”的概念。

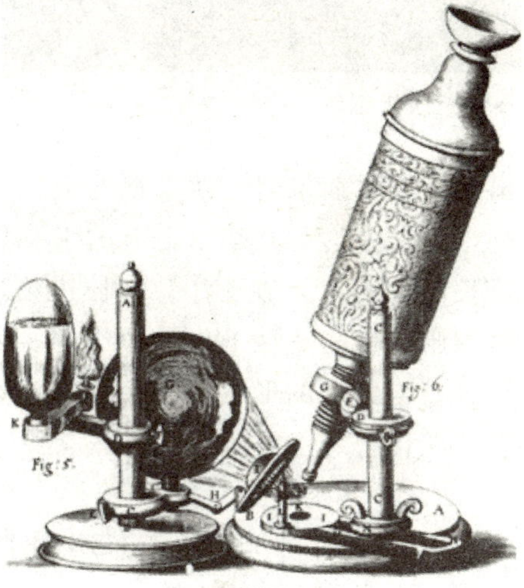

◆罗伯特·虎克的显微镜

单细胞的低等植物，一个细胞就代表一个个体，一切生命活动，包括新陈代谢、生长、发育和繁殖，都由一个细胞来完成；复杂的高等植物，一个个体是由无数的细胞构成的，细胞之间有了机能上的分工和形态结构上的分化，它们相互依存、彼此协作，共同保证着整个有机体正常生活的进行。

植物细胞长什么样儿

组成植物体的细胞形状和大小是各不相同的，其不同部位的细胞、形状和大小，与它们行使的功能密切相关。大多数高等植物细胞的直径通常在10～200微米之间。植物细胞的大小差异很大，一般必须在显微镜下才能看到。在种子植物中，细胞的直径一般在10～100微米之间，较大细胞的直径也不过是100～200微米。也有少数植物的细胞较大，肉眼可以分辨

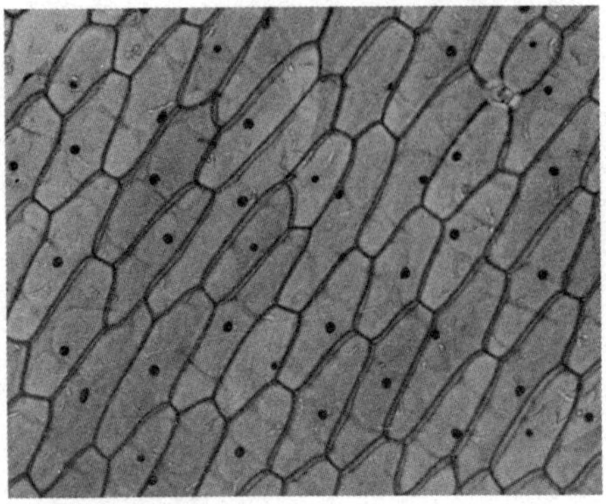

◆洋葱表皮细胞

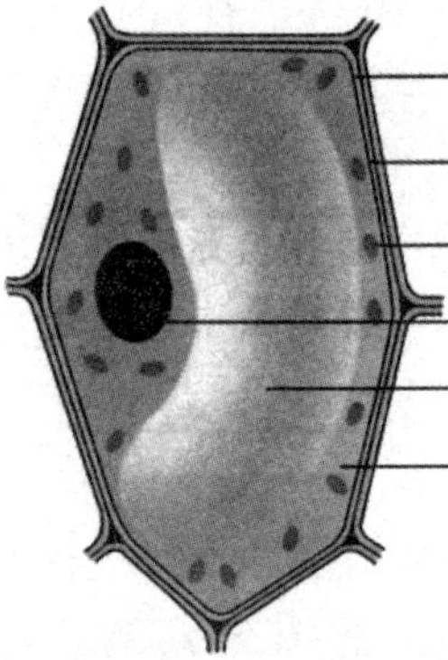

◆植物细胞显微结构

出来，如番茄果肉、西瓜瓤的细胞，直径可达 1 毫米；苎麻茎中的纤维细胞，最长可达 550 毫米；有的细胞极长，如苎麻纤维细胞可长达 55 厘米，最长的细胞为无节乳汁管，长达数米至数十米，如橡胶树的乳汁管，但这些细胞在横向直径上仍是很小的。

植物细胞的形状非常多样，常见的有球形、椭球形、多面体、纺锤形和柱状体等。

植物细胞基本结构

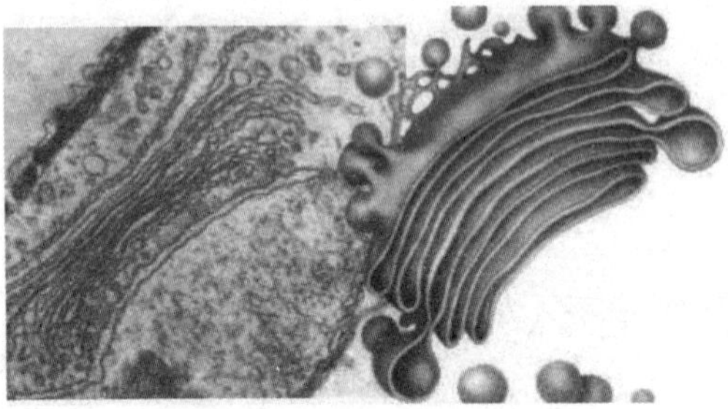

◆高尔基体

植物细胞的形状大小尽管多种多样，但基本结构是一样的。例如，一切活细胞都含有原生质和其外面的细胞壁。坚硬的细胞壁保护着原生质体，并且维持着细胞的一定形状，其主要成分是纤维素。细胞壁是植物细胞独有的，动物细胞没有细胞壁。植物细胞还含有质体，是植物细胞生产和储存营养物质的场所。最常见的质体是叶绿体，它是专门进行光合作用的细胞

细胞器分为：线粒体、叶绿体、内质网、高尔基体、溶酶体、液泡。

器。大多数植物细胞都含有一个或几个液泡，液泡中充满了液体。液泡的主要作用是转运和储藏养分、水分和代谢副产物或代谢废物，即具有仓库和中转站的作用。此外，植物细胞中还有线粒体、内质网、高尔基体、核糖体、圆球体、溶酶体、微管、微丝等细胞器。植物细胞中最重要的部分要数细胞核了，在光学显微镜下，细胞核可明显地分为核膜、核仁和核质三部分。核是遗传物质的主要分布中心，同时也是遗传与代谢的控制中心。

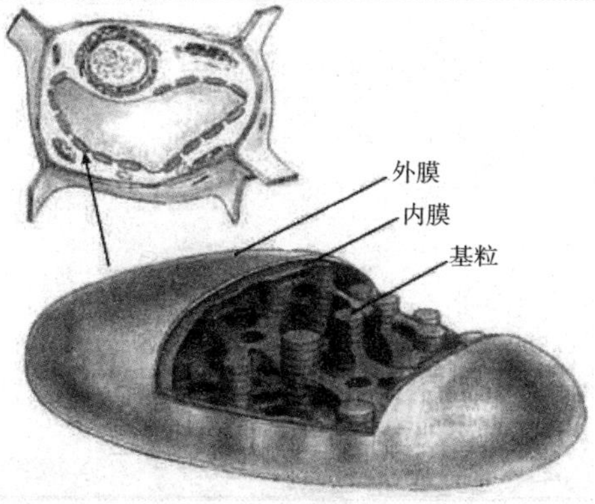

◆叶绿体

让我们来看一看细胞器究竟长着什么模样：叶绿体是绿色植物进行光合作用的细胞含有的细胞器，是植物细胞的“养料制造车间”和“能量转换站”。线粒体是细胞进行有氧呼吸的主要场所，是细胞的“动力车间”。细胞生命活动所需的能量，大约90%来自线粒体。

细胞间是如何进行交流的呢?

说到细胞间的物质交换和信号交流，就不得不先介绍细胞壁和细胞膜。它们是植物细胞的最外层屏障，也是细胞间物质信号交流的媒介。

细胞壁位于植物细胞的最外层，是一层透明的薄壁。它主要是由纤维素和果胶组成的，孔隙较大，物质分子可以自由透过。细胞壁对细胞起着支持和保护的作用。

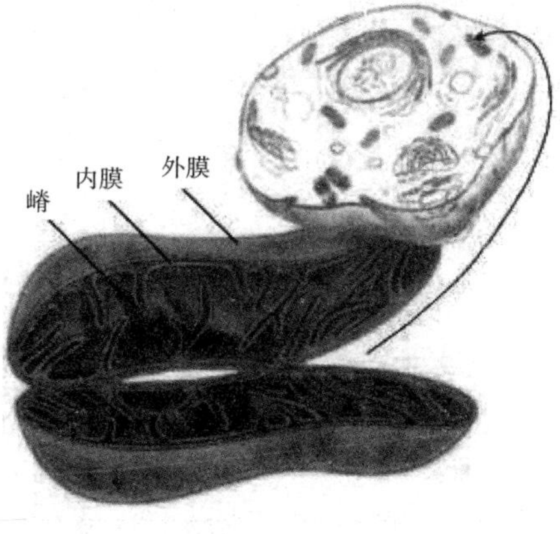

◆线粒体

细胞壁的内侧紧贴着一层极薄

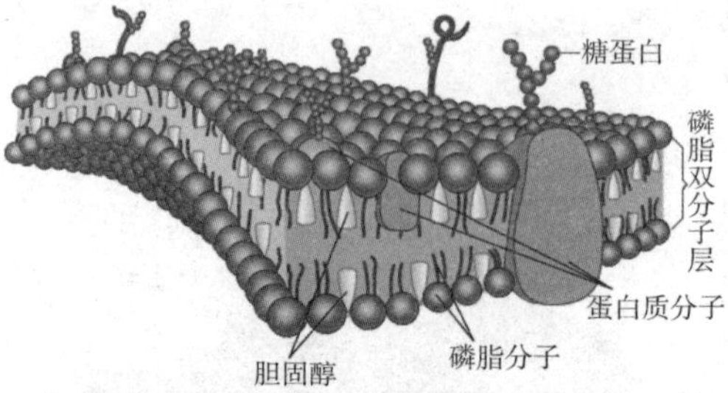

◆细胞膜结构

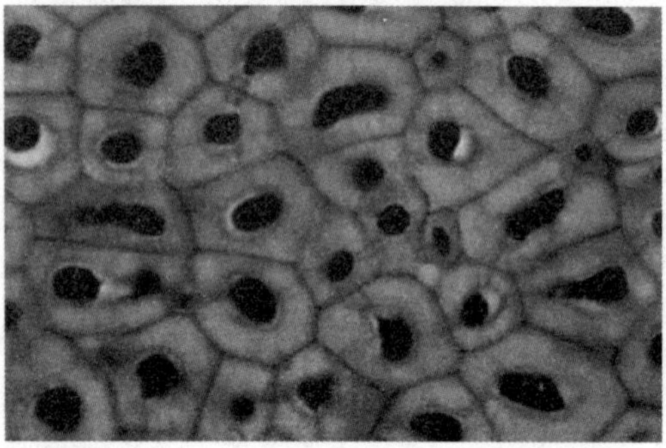
◆细胞间的细丝就是胞间连丝

的膜，叫作细胞膜。这层由蛋白质分子和磷脂双层分子组成的薄膜，水和氧气等小分子物质能够自由通过，而某些离子和大分子物质则不能自由通过。因此，它除了起着保护细胞内部的作用以外，还具有控制物质进出细胞的作用：既不让有用物质任意地渗出细胞，又不让有害物质轻易地进入细胞。

说到植物细胞间的交流，还要提到一个特殊的结构，那就是“胞间连丝”。它是贯穿两个相邻植物细胞的细胞壁，并连接两个原生质体的胞质丝。它们使相邻细胞的原生质连通，是植物物质运输、信息传导的特有结构。由此，胞间连丝为多细胞植物有机体提供了一个直接的细胞间物质运输和信息传递的细胞质通道，把一个个独立的“细胞王国”转变成相互连接的共质体。这一结构由 E. 坦格尔于 1879 年首先在马钱子胚乳细胞间发现。1882 年由德国植物学家、细胞学家 E. A. 施特拉斯布格命名为“胞间连丝”。

细胞角色扮演——分化与组织形成

我们知道，植物体内的细胞各自会朝某一特定方向发展，也就是各有分工，扮演各自的角色，行使各自的功能。有的变成了吸收水和矿物质的根毛细胞，有的含有大量叶绿体而成为光合作用的细胞，有的成了贮藏大量营养物质的细胞，细胞的这些变化叫作“分化”。

一开始每个植物细胞都具有“全能性”，随着分化的发生，一些细胞具有了某些特殊的本领。这些形态、结构相似，在个体发育中来源相同，负担一定生理功能的一些细胞组合在一起，就称为“组织”。

知识库

什么叫细胞全能性

植物的大多数生活细胞都具有在适当条件下由单个细胞经分裂、生长和分化形成一个完整植株的现象或能力。

拓展——植物有哪些分化组织？

可将植物的组织划分为分生组织和成熟组织两大类。

分生组织分为顶端分生组织、侧生分生组织和居间分生组织三类。

成熟组织分为五类，分别是：保护组织、薄壁组织、机械组织、输导组织和分泌结构。

保护组织，存在于植物体的表面，由一层或数层细胞构成，能防止水分过度蒸腾，抵抗外界风雨和病虫害侵入，包括表皮、木栓层。

薄壁组织，植物体内分布最广、占有很大体积的一类组织。在根、茎、叶、花、果实中均有。它们担负着吸收、同化、储藏、通气和传递等营养功能。

机械组织，在植物体内主要起机械支持作用和稳固作用的一种组织，包括木纤维、韧皮纤维和石细胞。

输导组织，植物体内长距离运输物质的组织，其细胞长管状、相互贯通成为统一的整体，包括导管、筛管等。

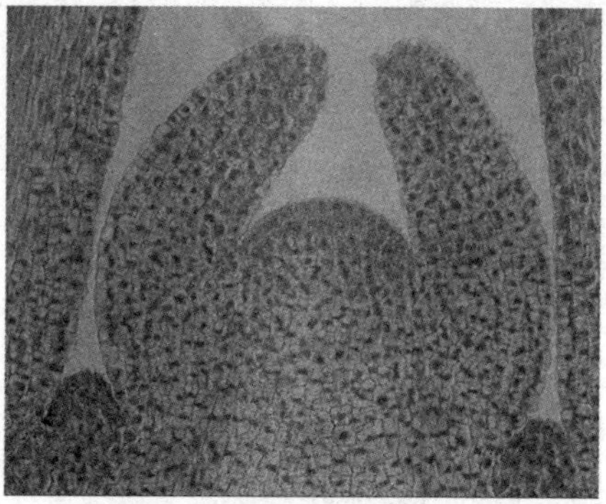

◆显微镜下的顶端分生组织

◆我们看见的植物世界

分泌结构，在植物体中凡能产生分泌物质（如糖类、挥发油、有机酸、乳汁、蜜汁、单宁、树脂、生物碱、抗生素等）的有关细胞或特化的细胞。

显微世界下的植物和我们用肉眼看见的植物是如此不同。自然界中的植物缤纷多彩，而显微镜下的植物则是一个个细胞的世界。只有当我们真正了解植物是由细胞构成之后，在美丽植物背后的很多奥秘才将迎刃而解。那就让我们也亲自动手，来看一看这个神奇的细胞世界吧。

动动手——观察植物细胞

◆实验用番茄

材料：洋葱鳞片叶、番茄（或西瓜等成熟果实）的果肉、清水、碘酒溶液、高锰酸钾溶液（质量分数为1%～5%）、镊子、刀片、滴管、纱布、吸水纸、载玻片、盖玻片、显微镜。

操作流程（以洋葱临时装片为例）：制作方法可概括为：擦→滴→取→展→盖→染→吸几个步骤。

具体为：擦：把载玻片和盖玻片用洁净的纱布擦拭干净；滴：载玻片放在实验台上，用滴管在载玻片的中央滴一滴清水；取：用镊子撕一小块洋葱鳞片叶内表皮；展：将材料放在水滴中央展开；盖：盖上盖玻片，要注意使盖玻片一边先接触水滴，然后缓缓地放下，这可以避免气泡的出现；染：稀碘酒溶液滴在盖玻片的一侧；吸：用吸水纸从盖玻片的另一侧吸引，使染液浸润标本的全部。

这样一个临时装片就做好了，就可以放到显微镜下观察。

孕育新生命——果实和种子

果实、种子与人类生存密不可分。人类的粮食绝大部分来自于禾谷类植物的果实，如小麦、水稻和玉米等；人们常吃的果品，包括苹果、桃、柑橘和葡萄等，它们富含葡萄糖、果糖与蔗糖，以及各种无机盐、维生素等营养物质；日常生活必需的食用油、调味品、饮料（如咖啡、可可）以及棉花等都来自种子。很多常用的中药同样来自于植物的果实与种子，以果实入药的，如五味子、山楂、金樱子、枸杞子、连翘、罗汉果等；以种子入药的，如王不留行、决明子、女贞子、牛蒡子、菟丝子和天仙子等。

◆山楂的果实

硕果累累——果实

果实的结构

果实是被子植物所特有的繁殖器官。果实由果皮和种子两部分组成。它是由花经过传粉、受精后，雌蕊的子房或子房以外与其相连的某些部分，迅速生长发育而成。一般只有受精的花才能结果。但有些植物不经过受精，子房也能发育成果实，这样形成的果实，里面不含种子，称为无子果实，如香蕉。

◆桃子的结构

◆番茄的三层果皮通常分辨不清

果皮由子房壁发育而来，常常可以区分为三层，从外到内依次是外果皮、中果皮和内果皮。例如，桃外果皮薄而柔软，中果皮多汁，即食用部分，内果皮凹凸不平的硬木质。但在许多植物的果实中，三层果皮通常分辨不清，如番茄、茄子。

果实的类型

果实的类型多种多样，依据果皮的质地不同，可分为肉果和干果。

◆干果

◆翅果

干果：果实成熟时，果皮呈现干燥的状态。干果的果皮在成熟后可能开裂，称为裂果，包括蓇（gu）葖（tu）果、荚果、角果、蒴（shuo）果等类型；如干果的果皮不开裂，则称为闭果，通常仅具有单粒的种子，包括了颖果、瘦果、翅果、坚果、双悬果与胞果等类型。

肉果：果皮肉质多汁，成熟时不开裂。肉果的常见类型包括浆果、柑果、瓠（hu）果、梨果与核果等。

小贴士——果实与种子的传播

果实有利于保护和传播种子。不同类型的果实或种子的传播依赖于风、水以及动物等多种媒介。借风势传播的果实或种子，常常很轻而且具有翅或冠毛，如榆的翅果和莴苣的瘦果，使其能够在空中飘荡足够远。随水传播的果实，必须能够浮于水中而且不会腐烂，如椰子的坚果。由动物传播的果实，通常有刺或钩能够粘于动物的皮毛上；若是被动物吞食的果实，一般为色彩鲜艳、芳香或味甜的肉果，同时果皮内的种子不能够被动物消化掉，如核果的坚硬内果皮，可以保护种子不受到动物消化道的破坏。很多适应动物（特别是鸟类）传播种子的肉果，其种子通过动物的消化道可获得更好的萌发力，由于动物具有特定的生存环境以及迁徙模式，种子不会被随意地散布。

小贴士

种子对人类的作用

种子与人类生活关系密切，除日常生活必需的粮、油、棉外，一些药用（如杏仁）、调味（如胡椒）、饮料（如咖啡、可可）等都来自种子。

种子的基本结构

种子的基本结构

种子是种子植物特有的繁殖器官，包括种皮、胚和胚乳三个部分。具体讲，一个处于幼态的植物体（胚），外面包裹着保护性的机构（种皮），同时携带有储藏了养料的组织（胚乳）。

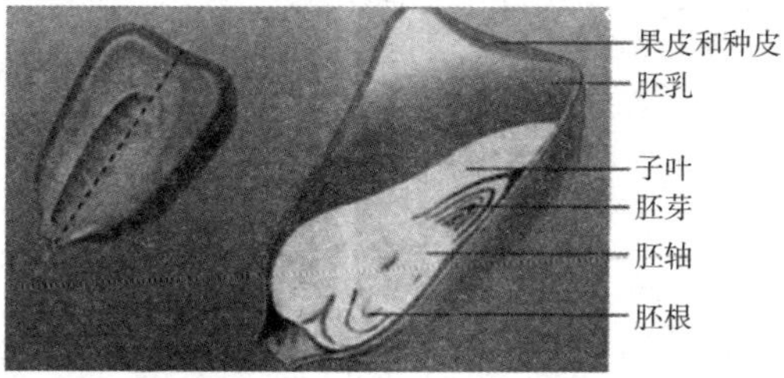

◆种子的基本结构

种子的外观形状

种子的形状、大小、颜色因种类不同而异。种子的表面也有平滑、粗糙、皱褶、具瘤刺等多种类型。

椰子的种子很大，油菜、芝麻的种子较小，而烟草、马齿苋、兰科植物的种子则更小。蚕豆、菜豆为肾脏形，豌豆、龙眼为圆球状。花生为椭

◆椰树的种子重达几千克

球形。瓜类的种子多为扁圆形，颜色以褐色和黑色较多，但也有其他颜色，例如豆类种子就有黑、红、绿、黄、白等色。种子表面有的光滑发亮、也有的暗淡或粗糙。造成表面粗糙的原因是由于表面有穴、沟、网纹、条纹、突起、棱脊等雕纹的结果。有些还可看到种子成熟后自珠柄上脱落留下的斑痕枣种脐和珠孔。有的种子还具有翅、冠毛、刺、芒和毛等附属物，这些都有助于种子的传播。种子体积的大小差异很大，一个带着内果皮的椰子种子，可重达几千克重，而药用植物马齿苋种子的千粒重只有 0.13 克，寄生的高等植物列当种子更小，千粒重仅在 0.0029～0.0049 克之间。

想一想，议一议

种子为什么大小差异悬殊呢？

种子大小的差异悬殊，各有其生物学上的意义。例如，椰子的种子很大，每株结实数量有限，由于种子极易萌发，种子内又富含液体胚乳，营养充足，这样就可得到“重点保证”。而那些体积极小的种子，则以多取胜，虽然它们只有占总数很少的种子能够萌发，但仍可产生大量后代。许多一年生杂草植物，就是以这种方式进行大量繁殖的。

种子的寿命

种子成熟离开母体后仍是活着的，但各类植物种子的寿命有很大差异。其寿命的长短除与遗传特性和发育是否健壮有关外，还受环境因素的影响。有些植物种子寿命很短，如巴西橡胶的种子存活仅一周左右，而莲的种子寿命很长，存活长达数百年以至千年。

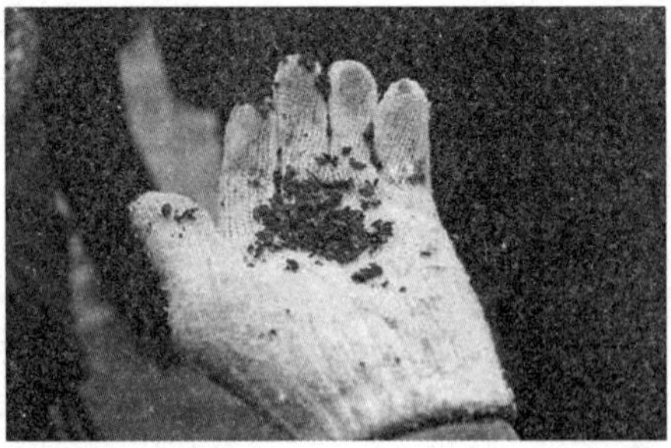

◆六安王古墓中种子保存完好

种子寿命的延长对优良农作物的种子保存有着重要意义，也就是可以利用贮存条件延长种子寿命。实验证实，低温、低湿、黑暗以及降低空气中的含氧量为理想的贮存条件。例如，小麦种子在常温条件下只能贮存2～3年，而在－1℃、相对湿度30%、种子含水量4%～7%时，可贮存13年，而在－10℃、相对湿度30%、种子含水量4%～7%时，可贮存35年。许多国家利用低温、干燥、空调技术贮存优良种子，使良种保存工作由种植为主转为贮存为主，大大节省了人力、物力并保证了良种质量。

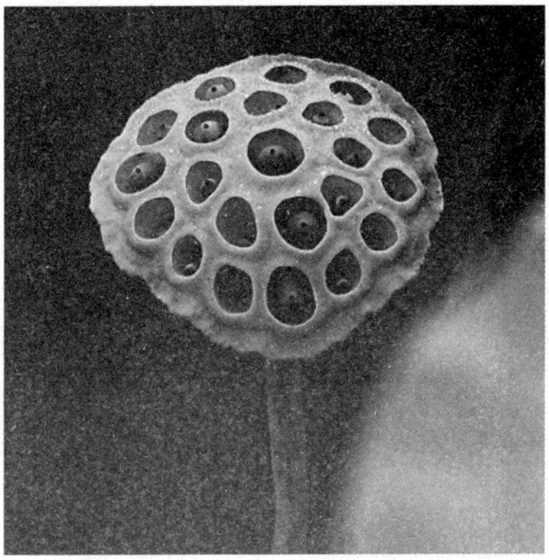

◆莲的种子

种子的萌发

发育成熟的种子在适宜的环境条件下开始萌发。经过一系列生长过程，种子的胚根首先突破种皮向下生长，形成主根。与此同时，胚轴的细胞也相应生长和伸长，把胚芽或胚芽连同子叶一起推出土面，胚芽伸出土面，形成茎和叶。子叶随胚芽一起伸出土面，展开后转为绿色，进行光合作用，如棉花、油菜等。待胚芽的幼叶张开行使光合作用后，子叶也就枯萎脱落。至此，一株能独立生活的幼小植物体也就全部长成，这就是幼苗。

◆种子的萌发

胚芽，植物胚的组成部分之一。它突破种子的皮后发育成叶和茎，位于胚轴的顶端。

植物的基本构架——根、茎、叶

◆榕树的根、茎、叶

植物是一个完美的整体，它的根、茎和叶缺一不可。植物的根深深地扎入泥土吸取着水分和养分，并且向上输送给茎。茎不仅向花、叶、果传递着营养物质和水，还与叶一起进行着光合作用，有的也会具有繁殖的功能。植物的叶片千姿百态，大小不一，是识别植物的重要依据。

根、茎、叶三者协调合作，相辅相成，这才造就了一株植物的茁壮成长。

藏在地底下的强大支柱——根

根的基本结构

◆须根——大地棕根

地底下的根没有人们想象的那么简单，其实它也具有自己独特的结构特征。对于种子植物而言，分直根系和须根系两种。有粗壮发达的主根、从主根产生的侧根以及侧根上长出的细根共同组成的根系，叫直根系。须根系则没有主根、侧根之分，而是由许多大小差不多的根形成，它的形状很像一把乱蓬蓬的胡须。比如水稻属于须根系，而萝卜属于直根系。

在根的顶端有根冠，它能在穿越土壤时

保护根的尖端部分。根的顶端后面有细小的根毛，它们是根细胞的管状突起。根毛增加了根的表面积，从而有利于吸收土壤中的物质。

◆直根——萝卜

各种各样的根

有一些植物，由于受环境的影响或者因特殊的需要，根发生了变态，不仅外貌和构造不同于一般植物的根，而且所起的作用也与普通的根不同。变态根有支持根、气生根、呼吸根、块根、贮藏根、不定根等多种形态。

根的功能

根是在长期进化过程中适应陆地生活发展起来的器官，它的功能有：吸收水分和无机盐、固着和支持作用、一些有机物的合成转化、贮藏疏导功能等。我们结合上述各类型根的名称，就能很容易地理解它们的功能了。

◆玉米的不定根

承上启下——茎

茎的基本结构

茎是植物的营养器官，由种子中的胚芽发育而成。茎是植物体地上部分的轴，上承叶、花、果实和种子，下接根部，具有背地性。茎的顶端有顶芽，叶腋有腋芽，顶芽和腋芽发育

茎是植物的营养器官，由种子中的胚芽发育而成。

◆禾本科植物

◆昙花的叶状枝

◆皂荚的枝刺

可以使茎不断延长和分枝。茎上有节和节间，可与根相区别。

茎的分枝是普遍现象，能够增加植物的体积，充分地利用阳光和外界物质，有利于繁殖新后代。禾本科植物的分枝叫作分蘖（nie），就是在地面以下或近地面处所发生的分枝。

不同植物的茎在适应外界环境上有各自的生长方式，使叶能在空间展开，获得充分阳光，制造营养物质，并完成繁殖后代的作用。

变态茎

有些植物的茎在长期适应某种特殊的环境过程中，逐步改变了它原来的功能，同时也改变了原来的形态，比较稳定地长期保持下去，这种和一般形态不同的变化称为变态。有些变态的茎变化得非常奇特，以至在外形上几乎无从辨认。

地上变态茎：叶状枝、枝刺、茎卷须、肉质茎。

地下变态茎：根状茎、块茎、球茎、鳞茎。

茎的功能

一般认为，茎在进化史上的起源早于根和叶，是维管植物最早出现的器官。最初的茎能够进行光合作用（这一特性在许多植物中得到了保留），其后发生了茎、叶的分化，最后才产生了根。

◆马铃薯的块茎

茎的主要功能是支持与输导作用。此外，很多植物的茎可以储藏养料和水分，有些植物的茎可以进行光合作用。茎的支持作用主要与其中的厚壁组织或后角组织有关，这使得茎得以尽可能地为叶提供有效的光合空间。茎的输导作用由其中的维管组织系统完成，为植物体的其他部分（根、叶、花、果实与种子）建立了高效的物质运输通道。

万花筒

叶子最大的植物

王莲的叶子，可说是水生有花植物中最大的了。但是，它还不是世界上最大的叶子。在陆生植物中，还有比王莲更大的叶子，那是生长在智利森林里的大根乃拉草。它的一片叶子，能把三个并排骑马的人连人带马都遮盖。

郁郁葱葱——叶

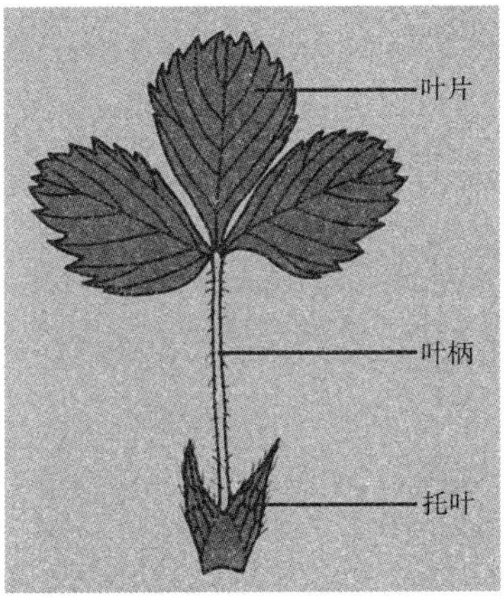

◆完全叶的组成

一个典型的叶主要由叶片、叶柄和托叶三部分组成。同时具备此三个部分的叶称为完全叶。一些单子叶植物的叶片基部扩大成叶鞘，并具有叶耳、叶舌等附属物，如禾本科植物。

在上面我们讲到变态根、变态茎，其实叶也有变态形态，比如鳞叶、叶卷须、捕虫叶、叶刺等。另外，叶的重要功能是光合作用和蒸腾作用。

讲解——什么是叶脉?

叶脉，生长在叶片上的维管束，它们是茎中维管束的分枝。这些维管束经过叶柄分布到叶片的各个部分。位于叶片中央大而明显的脉，称为中脉或主脉。由中脉两侧第一次分出的许多较细的脉，称为侧脉。细脉交错分布，将叶片分为无数小块。另外，在叶片表面还有一些在显微镜下才能观察到的气孔，它们起到了与外界交流的作用。

知识窗

寿命最长和最短的叶

世界上寿命最长的叶是非洲热带植物百岁兰的叶子，它的寿命长达百岁，可谓叶中老寿星。

世界上寿命最短的叶是短命菊的叶，只能活 3～4 周。

缤纷多彩——千变万化的花

◆蜜蜂与花

在自然界中，一些植物只有小而毫无生气的花，但是它们拥有耀眼颜色的叶子或者萼片代替花瓣来吸引昆虫。许多植物都会开出鲜艳、芳香的花朵。这些花朵是植物种子的有性繁殖器官，可以为植物繁殖后代。花用它们的色彩和气味吸引昆虫来传播花粉。

古往今来，多少诗词歌赋描写花的美好，留下了许多千古佳句，就让我们从花的色、香、型等方面来了解花吧。

万变不离其宗——花的基本结构

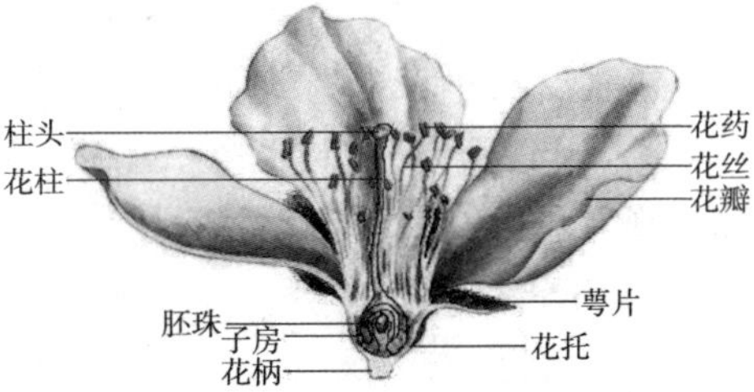

◆花的主要结构示意图

关于花结构的本质，比较一致的观点倾向于将花看作一个节间缩短的变态短枝，花的各部分从形态、结构来看，具有叶的一般性质。首先提出这一观点的是德国的诗人、剧作家与博物学家歌德(1749～1832 年)，他认为花是适合于繁殖作用的变态枝。这一观点得到了化石记录以及很多系统发育与个体发育证据的支持，并且能较好地解释多数被子植物花的结构，因而延用至今。

◆花蕊

一朵完整的花包括了六个基本部分，即花梗、花托、花萼、花冠、雄蕊群和雌蕊群。其中花梗与花托相当于枝的部分，其余四部分相当于枝上的变态叶，常合称为花部。一朵四部俱全的花称为完全花，缺少其中的任一部分则称为不完全花。

花的各部分（如花萼、花冠、雄蕊群和雌蕊群等）及花序，在长期的进化过程中产生了各式各样的适应性变异，因而形成了各种各样的类型。

万 花 筒

花的性别

一朵花中只有雄蕊或雌蕊：单性花

一朵花中只有雄蕊：雄花

一朵花中只有雌蕊：雌花

一朵花中有雌蕊和雄蕊：两性花

繁花似锦——花卉种类

常用木本花卉：梅花、桃、牡丹、海棠、玉兰、木笔、紫荆、连翘、金钟、丁香、紫藤、杜鹃、石榴花、含笑花、白兰花、茉莉花、栀子花、桂花、木芙蓉、蜡梅、免牙红、银芽柳、山茶花、迎春，等等。

◆麝香百合

常用草本花卉：春兰、香堇、慈姑花、风信子、郁金香、紫罗兰、金鱼草、长春菊、瓜叶菊、香豌豆、夏兰、石竹、石蒜、荷花、翠菊、睡莲、芍药、福禄考、晚香玉、万寿菊、千日红、建兰、晚香玉、铃兰、慈茹花、大岩桐、水仙、小草兰、瓜叶菊、蒲包花、免子花、入腊红、三色堇、百日草、鸡冠花、一串红、孔雀草、大波斯菊、金盏菊、非洲凤仙花、菊花、非洲菊、观赏凤梨类、射干、非洲紫罗兰、天堂鸟、炮竹红、菊花、康乃馨、花烛、满天星、非洲菊、星辰花，等等。

花的繁殖过程——授粉

◆蜜蜂身上附着的花粉粒可随其传播到其他花上

◆杨絮飘飞

花是植物的繁殖器官，其主要目的在于繁殖。授粉是花粉从花药到柱头的移动过程，精细胞和卵细胞结合的过程则称为受精。花粉通常是从一株植物传播到另一株，但许多植物能够自花授粉。受精胚珠能发育成下一代的种子。为了适应自然，有性繁殖产生的后代都各具遗传独特性。

有花植物通常面临着自然选择压力，因而会使用最合适的传粉方式，这一点鲜明体现在花的形态和植物的行为上。花粉可通过一些“媒介”在植物间传播：有些植物利用自然媒介，

◆蜂兰花（Ophrys apifera）吸引雄蜂传粉

如风（风媒）或更为常见的水（水媒）；而有些植物则利用生物媒介，包括昆虫（虫媒）、鸟类（鸟媒），蝙蝠（蝙蝠媒）及其他动物。有些植物能利用多种媒介，但对大多数不是高度特化的。在这一过程中，花完全开放并发挥作用的时期称为花期。

虫媒传粉的花朵一般都有特殊的形状和雄蕊的生长方式，以确保授粉者由引诱剂（如花蜜、花粉或配偶）吸引而来时，花粉粒能顺利传入其体内。

风媒传粉的植物有草、桦树、杨树和枫树等。由于它们无须吸引他人传粉，因此花朵往往不太引人注目。风媒花一般是雌雄异花或异株，雄性花花丝细长，末端为裸露的雄蕊，而雌性花则具有长长的羽状柱头。

知识库——花的文化

◆梅花因其开于严寒而经常作为坚贞品格的象征

许多花在东西方文化中都被赋予了特定的内涵。在中国传统文化中，不少花卉都被赋予了美好的性格特征：梅花象征着民族之风骨，菊花象征着文人之高洁，牡丹象征着富人之华贵，兰花象征着君子之气节。而在西方文化中，对各种花赋予的各种象征意义称为花语，比如红玫瑰象征爱情、美丽和热情，罂粟花象征对死亡的悼唁，鸢尾和百合在葬礼中象征着“复活”和“生命”等。此外，在世界上的许多文化中，花同样是女性的象征。

大自然无数美丽的花朵同样激发了众多文人墨客的创作灵感。在中国文学中，早在《诗经》里就有了“桃之夭夭，灼灼其华”等描写花卉的诗句，再如陶渊明所作《饮酒》之“采菊东篱下，悠然见南山”，周敦颐所作《爱莲说》之“出淤泥而不染，濯清涟而不妖”等，中国古典文学中描写花的词句不胜枚举。此外，许多词牌名、曲牌名也与花有关，如《一剪梅》《木兰花》《醉花阴》等。

花不仅仅受到文学家的青睐，还同样让艺术家们关爱有加，花卉也向来就是绘画创作中一个重要的主题。在中国画中，花鸟画是其中一个重要题材，梅、兰、竹、菊所组成的花中四君子，也一直是中国画创作的传统题材。王冕的梅、恽寿平的荷等，均是其中的杰出代表。西洋画中同样也能找到大量与花有关的画作，例如凡·高的《向日葵》和莫奈的荷花，等等。而对于实体的花，人们将它们与枝、叶等搭配起来，经过一定的艺术加工，亦形成了独有的插花艺术。

◆荷花——出淤泥而不染

化繁为简
——植物基本类群与分类方法

◆自然植被

植物在长期演化过程中出现了形态结构、生活习性等方面的差别。这种差别的形成是极慢的。大约在太古代约34亿年前就有了植物，经过许多地质变迁，沧海桑田，地球上的生物有的繁盛了，有的衰退了，有的消亡了，有的产生了。

现在自然界的植物约有50万余种。要认识、利用、改造它们，就必须对它们进行分类。为此，我们就要具备一些植物分类的基本知识。

如何进行植物分类?

为了便于分类，按照植物类群的等级，我们要给予它们一定的名称，这就是分类上的各级单位。植物分类的基本单位如下表。

中文名	拉丁文	英文
界	Regnum	Kingdom
门	Divisio	Division
纲	Classis	Class
目	Ordo	Order
科	Familia	Family
属	Genus	Genus
种	Species	Species

小知识

种和品种的区别

种是分类上一个基本单位，也是各级单位的起点。同种植物的个体，起源于共同的祖先，有极近似的形态特征，且能进行自然交配，产生正常的后代。

品种不是植物分类学中的一个分类单位，是人类在生产实践中经过培育或为人类所发现的。

如何给植物命名？

我们每个人都有一个名字，作为我们区别于其他人的标志，那么植物又是怎样命名的呢？

植物种类繁多，而且不同国家的语言各不相同，同一植物有着不同的名称。植物的命名也不是随便取的，而是遵循一定的法则，这些法则主要是由《国际植物命名法规》所规定的：1867 年 8 月，在法国巴黎召开的第一届国际植物学会议上起草了植物命名法规。1910 年在比利时召开的第三届国际植物学会议上确定了该命名法规，后人整理之后形成了今天的《国际植物命名法规》。《国际植物命名法规》在植物命名方面具有国际效力，有 6 条原则、75 条规则和更多的辅则。现截取部分原则列举如下：学

◆水稻

◆睡莲

名是用拉丁文来命名的。国际通用的学名，基本采用了林奈所制定的植物“双名法”，即每个植物的学名是由两个拉丁词所组成的。第一个词是“属”名，第二个词是“种加词”，过去称“种”名，通常最后还附有定名人的姓名缩写，这是为了纪念定名人发现了这个新的物种。如：稻的学名是 Oryza sativa L，第一个字是属名，是水稻的古希腊名，是名词；第二个字是种名，形容词，是栽培的意思；后边大写“L”是定名人林奈（linnaeus）的缩写。

植物的学名也不是指其英文名或者法文名等，更与中国方块字无缘，而是指拉丁名。

名人介绍——植物学家林奈

◆ “双名法之父”——林奈

林奈（1707～1778 年），瑞典植物学家，现代生物分类学的奠基人。1707 年 5 月 23 日生于瑞典斯莫兰省的罗斯胡尔特村，1778 年 1 月 10 日卒于乌普萨拉。自小喜爱花草，8 岁时便有“小植物学家”的绰号。小学、中学阶段不用功读书，却偏好在野外采集植物，为此其父几乎要他辍学去当裁缝匠或鞋匠。1727 年起，先后在隆德大学和乌普萨拉大学学医。1730 年任乌普萨拉大学讲师。1735 年在荷兰获哈尔德韦克大学医学博士学位，1735～1738 年游学丹麦、德、荷、英、法诸国，是他一生中最重要的时期。

在荷兰时，他将所著的《自然系统》一书的手稿向莱登的学者赫朗诺维伊斯请教，并得到资助出版。该书第一版（1735）仅 7 印张 14 页，基本上是一个动、植、矿物的名录，其著名的“植物 24 纲系”即首次发表在这里。他所提出的分类系统虽属人为分类系统，与自然分类系统相距甚远，但因便于检索，故深受当时学界欢迎，他也由此声誉大振。他的重要著作《植物种志》始作于 1746 年，历 6 年始告完成，于 1753 年出版，该书奠定了近代植物分类学的基础。

小实验

找一找身边植物的名字

在校园里寻找一到两种植物，可以是树木也可以是花草。

记下它的特征，包括株高、叶子形状、花的形态、果的特点等。

采集植物标本。

去图书馆借阅“植物分类检索表”，将记录下的特征与表比对。

初步确定它属于哪个科，哪个属。

与老师、同学交流，看看自己查对了没有呢？

植物界的基本类群

根据现代知识，植物界分为低等植物和高等植物。由于到目前为止，植物界分多少个门意见不一，所以尚无具体的定论。低等植物包括藻类（蓝藻门、眼虫藻门、绿藻门、金藻门、甲藻门、红藻门、褐藻门）、菌类（细菌门、黏菌门、真菌门）和地衣门，主要是一些孢子植物（隐花植物）；高等植物主要是一些种子植物（显花植物）。我们就其中一些基本的门、类进行介绍。

◆发菜是一种蓝藻

藻类植物

藻类是一群比较原始的低等植物，植物体结构简单，为单细胞体、群体、丝状体或片状体，大多数生活在海水或淡水中，少数生于潮湿处。细胞内含有与高等植物同样的色素及其他色素，为绿色植物，可进行光合作用，能自养生活。

1. **蓝藻**

◆显微镜下的水绵

蓝藻细胞无细胞核和叶绿体，为原核生物，植物体呈蓝绿色。

其代表植物：颤藻、鱼腥藻、发菜。

2. **绿藻**

绿藻细胞有细胞核和叶绿体，为真核生物，植物体呈绿色。

其代表植物：水绵、衣藻。

◆灵芝是菌类植物

菌类植物

它是一群原始的低等植物，分布广泛。植物体为单细胞体、多细胞群体或丝状体。细胞一般不含光合色素，不能进行光合作用，宜异养生活（寄生、腐生或两者兼营）。

1. **细菌**

细菌是单细胞植物，细胞内无细胞核，为原核生物。绝大多数异养，少数自养。依形态不同可分为球菌、杆菌、螺旋菌三个基本类型。

◆真菌类植物——蘑菇

2. **真菌**

真菌的植物体多为菌丝体，少数为单细胞，有些种类其生殖部分可形成子实体。其细胞有细胞核，为真核生物。

其代表植物：匍枝根霉、青霉、酵母菌、蘑菇、木耳。

地衣

地衣是一类特殊的植物，植物体为藻类和真菌的共生体。依植物体形态可分为壳状地衣、叶状地衣、枝状地衣3种类型。

常见的食用菌

香菇、草菇、蘑菇、木耳、银耳、猴头、竹荪、松口蘑（松茸）、口蘑、红菇和牛肝菌等。

苔藓植物

苔藓植物是高等植物中最原始的类群，大多数生活在潮湿的环境中，是水生到陆生的过渡类型。植物体矮小，为叶状体或茎状体，有假根，无真根，无维管束结构。

其代表植物：地钱、小金发藓。

◆苔藓植物——地钱

◆蕨类植物——蜈蚣草

蕨类植物

蕨类植物绝大多数为陆生植物，生活史具有明显的世代交替，孢子体和配子体均能独立生活。孢子体发达，植物体有根茎叶的分化，有维管束结构。

代表植物：华南毛蕨、蜈蚣草、芒萁、满江红。

裸子植物

裸子植物植物体发达，多木本，维管组织发达，叶针形、鳞形或条

◆裸子植物——马尾松

形。孢子叶聚生成球果状。胚珠裸露，种子繁殖。

代表植物：马尾松、杉木、柏木、苏铁、南洋杉。

被子植物

植物体高度发达、多样化，输导功能更加完善。真花、真果。双受精作用是被子植物特有的现象。

被子植物是植物界中最高级的类群，与裸子植物比较，主要有以下进化特征：具有真正的花，胚珠包被在子房中，子房形成果实，种子外有果皮包被，更有利于后代的保护和传播。

身怀绝技

——净化、药用植物及其他

中草药——中华之精粹，是我们的前辈几千年的智慧结晶，是老祖宗留给子孙的无价之宝。早在明代，李时珍就在他的巨著《本草纲目》中记载了各种草药的药性、疗效、特征，等等。身边的有些植物看似平常，却是治病的高手，在上下5000年的历史中，功不可没。

你知道哪些常见的植物有药性？能治疗哪些疾病？使用时要注意什么事项？关于这方面的问题，你还有哪些困惑？让我们一起带着这些问题来阅读吧，从中你能找到满意的答案！

不是花的花——棉花

棉花作为一种重要的经济作物，在我们的日常生活中扮演着非常重要的角色。棉花是一种重要的天然植物纤维，它原产于热带干燥的草原地区，最初为多年生木本植物，后来逐步引种到亚热带和温带的湿润地区，发展成今天的一年生作物。

◆棉铃球

形态特征与栽培条件

棉花，是棉葵科棉属植物的种子纤维，原产于亚热带。植株灌木状，在热带地区栽培可长到6米高，一般为1～2米。花朵乳白色，开花后不久转成深红色，然后凋谢，留下绿色小型的蒴果，称为棉铃。棉铃内有棉籽，棉籽上的茸毛从棉籽表皮长出，塞满棉铃内部。棉铃成熟时裂开，露出柔软的纤维。纤维白色至白中带黄，长2～4厘米，含纤维素87～90%。

◆棉株

◆棉花开花

棉花并不是花。平常说的棉花是开花后长出的果子成熟时裂开翻出的果子内部的纤维。

棉花产量较高的国家有中国、美国、印度等。

目前，由于育种和栽培技术的进步，棉花的种植范围已有较大扩展，在北纬45°到南纬35°的范围内都有种植。棉花生长应具备一定的热量、水分、日照、土壤等条件。如要求全年日照时数不小于1300小时；需要深厚的活土层；棉田一般以中性及微碱性土壤为好，要求地下水位最好在1.5米以下。棉花生长历经春夏秋冬四个季节，春分到立冬16个节气。相对于其他农产品来讲，棉花生长期较长，受自然因素的影响较大。

链接——棉花的历史

棉花的原产地是印度和阿拉伯。在棉花传入我国之前，我国只有可供充填枕褥的木棉，没有可以织布的棉花。宋代以前，我国只有带丝旁的“绵”字，没有带木旁的“棉”字。“棉”字是从《宋书》起才开始出现的。棉花刚传入时，多在边疆种植。棉花大量传入内地，当在宋末元初。关于棉花传入我国的记载是这么说的：“宋元之间始传其种于中国，关陕闽广首获其利，盖此物出外夷，闽广通海舶，关陕通西域故也。”从中可以了解，棉花的传入有海陆两路。泉州的棉花是从海路传入的，并很快在南方推广开来，至于全国棉花的推广则迟至明初，是朱元璋用强制的方法才推开的。

小知识

1. 蓝色牛仔裤是取材于棉花的。牛仔布这个词来源于法语，serge de Nimes，或者是“尼姆之布”，“尼姆”是一个法国城镇，这个城镇由于其盛产面料著称。

2. 灯芯绒也取材于棉花。这个词也源于法语而被大体上译为绳索之王。

棉花的分类

棉花为棉葵科棉属，棉属有四个栽培棉种组成，即亚洲棉（又叫粗绒棉）、非洲棉、陆地棉（又叫细绒棉）、海岛棉（又叫长绒棉），我国不是棉花原产地，棉种是由国外引进的，四大棉种都曾引进到我国。我国植棉有2000多年的历史，在不同历史时期，我国的主要栽培品种也不一样，亚洲棉引入历史最久，种植时间最长，同时栽培区域较广；陆地棉引入我国的历史较短，但发展很快，到20世纪50年代末，陆地棉成为我国的主要品种，其次是长绒棉，长绒棉纤维较长，在我国新疆一些地区有一定产量。目前广大棉区所种植的棉花多为陆地棉种（细绒棉），新疆还种植有少量海岛棉（长绒棉）。

广角镜

1. 棉花也是一种食品农作物。每年大约有2亿加仑的棉花种子油被用来生产食品，比如薯条、黄油和沙拉调味品。棉花作为产品来说也是制作牙膏和冰激凌的原料。

2. 平均每个棉花圆荚包含大概50万条纤维。

3. 棉制的纸张被用来帮助美国保存三种文件：独立宣言、权利自由法案和宪法。

广角镜——彩棉

棉花和自然界其他的动植物一样并不是千篇一律的同一种颜色，而是有着多种色彩，所以说棉花原本就是具有颜色的，而并不是我们今天所看到的白色。后来，随着人类文明的不断进步，人们对纺织品的需求大增，同时对其颜色的要求也日益提高，但天然棉花色彩毕竟种类有限且偏淡，不够明亮浓重，所以人们发明了染色技术，以使纤维具有了人们想要的颜色，从而生产出花色繁多、鲜亮明快、更加符合人们需求的纺织品。

◆彩棉

在这个过程中，白色的纤维当然是染色的最佳选择，从而导致了人们大量地种植白棉，而不再培育、种植其他色彩的棉花，其他色彩的棉花渐渐地被人类所抛弃、所遗忘，消失在人们的记忆中。进入20世纪，人类的历史翻开了新的篇章，文明的进程前所未有地加快了步伐，环境污染问题也日益突显，成为困扰世界各国人类发展的重大隐患，这时人们对彩色棉花又有了新的认识，发现它具有白棉所不可替代的环保优势。

苏联最早于20世纪50年代初开始研究彩棉，美国从20世纪60年代加入到彩棉的研究大军中来。目前世界上主要有美国、埃及、阿根廷、印度等国研究种植彩棉，主要颜色为棕、绿、红、鸭蛋青、蓝、黑，主要的研究手段还是从自然界中寻找上古繁衍至今的彩棉活体，作为亲本进行驯化、改良，同时运用转基因技术、航天育种技术等高科技手段进行新品种的开发。

木棉花和棉花

◆木棉花

木棉花树干直立，有明显瘤刺；侧枝轮生作水平方向开展；掌状复叶，叶柄很长；花朵大型，橙黄或橙红色；果实为蒴果，成熟后会自动裂开，里面充满了棉絮；棉毛可做枕头、棉被等填充材料。木棉外观多变化：春天一树橙红，夏天绿叶成荫，秋天枝叶萧瑟，冬天秃枝寒树，四季展现不同的风情。花橘红色，3～4月开花，先开花后长叶，树形具阳刚之美。

木棉树属于速生、强阳性树种，树冠总是高出附近的树群，以争取阳光雨露，木棉这种奋发向上的精神及鲜艳似火的大红花，被人誉之为英雄树、英雄花。最早称木棉为“英雄”的是清人陈恭尹，他在《木棉花歌》中形容木棉花“浓须大面好英雄，壮气高冠何落落”。1959年，广州市市长朱光撰《望江南·广州好》50首，其中有“广州好，人道木棉雄。落叶开花飞火凤，参天擎日舞丹龙。三月正春风”之句。

木棉花为广州市市花。木棉花亦为攀枝花市市花，攀枝花市是我国唯一以花名作为城市名的城市。

不是兰花的兰——吊兰

◆“空中仙子”——吊兰

吊兰不仅形态似兰、四季鲜绿，而且具备强大的吸污本领。在闽南、台湾等地，人们这样夸赞吊兰：“家种吊兰，污鬼胆寒。”

在家中，大家常常把吊兰悬挂在空中，所以它又被人们誉为“空中仙子”。其叶子修长，翠色如洗；由盆沿向外垂下来一条条长短不一的匍匐茎；每个茎端昂生着大大小小的新株，婉约地飘荡在空中，似蝴蝶轻舞，又如礼花四溢，让人回味无穷。

形态与生活习性

吊兰是百合科多年生常绿草本植物，四季常绿，是著名的观叶花卉。根肉质，叶细长，似兰花。吊兰叶腋中抽生出的匍匐茎，长可尺许，既刚且柔；茎顶端簇生的叶片，由盆沿向外下垂，随风飘动，形似展翅跳跃的仙鹤。故吊兰古有折鹤兰之称。

◆吊兰

吊兰的叶基生，条形至条状披针形，狭长，柔韧似兰，长20～45厘米、宽1～2厘米，顶端长、渐尖；基部抱茎，着生于短茎上。

吊兰的最大特点在于成熟的植株会不

时长出走茎，走茎长30～60厘米，先端均会长出小植株。花亭细长，长于叶，弯垂；总状花序单一或分枝，有时还在花序上部节上簇生长2～8厘米的条形叶丛；花白色，数朵一簇，疏离地散生在花序轴。花期在春夏间，室内冬季也可开花。

点击——吊兰养殖小知识

◆纯绿叶吊兰

吊兰又称垂盆草、桂兰、钓兰、折鹤兰，西欧又叫蜘蛛草或飞机草。它原产自非洲南部，在世界各地广为栽培。其性喜温暖湿润、半阴的环境。它适应性强，较耐旱、耐寒，不择土壤，在疏松的沙质壤土中生长较佳。它对光线要求不严，一船适宜在中等光线条件下生长，亦耐弱光。生长适温为15℃～25℃，越冬温度为5℃。

吊兰是一种耐肥植物，养分不足叶片发黄，容易焦头衰老。春、秋季以半阴为好，夏季宜早晚见光，中午遮荫，避开阳光暴晒，冬季多见阳光，生长期盆土湿润，不能积水。

◆金心吊兰

◆金边吊兰

常见栽培品种

目前吊兰的园艺品种除了纯绿叶之外，还有大叶吊兰、金心吊兰和金边吊兰三种。前两者的叶缘绿色，而叶的中间为黄白色；金边吊兰则相反，绿叶的边缘两侧镶有黄白色的条纹。其中大叶吊兰的株型较大，叶片较宽大，叶色柔和，属于高雅的室内观叶植物。

链接

防吊兰叶尖枯萎三法：

1. 经常注意浇水、喷水，保持盆土及周围空气湿润。
2. 将花盆放置在半阴处，防止暴晒。
3. 宜盆大株少，喜排水、透气性好的沙壤土。

功能和用途

药用功能：

吊兰可清肺消痰，凉血止血，祛湿化滞，通络止痛，治肺热咳嗽，吐血，崩带，菌痢，疳疾，风湿痹痛，跌打损伤。

净化与装饰功能：

吊兰是净化室内空气最好的植物，这已经得到科学家的首肯。寝室里只要放上一盆吊兰，就可以在一天之内将室内电器、炉子、塑料制品、涂料等散发出来的一氧化碳、过氧化氮等有害气体吸收并输送到根部，再经过土壤里的微生物分解成无害物质，作为养料被吸收掉。

◆水培吊兰

吊兰在自身的新陈代谢中，还能把空气中致癌的甲醛转化为糖和氨基酸等物质，并且能够分解复印机、打印机所排放的苯，还能“吞噬”尼古丁，等等。因此在一间约10平方米的房间内，只要有一盆吊兰，就相当于安装了一台空气净化器，足以抵消有害气体带来的负面影响。

传说故事——花语故事

吊兰的花语是“无奈而又给人希望”。

这来源于一个传说，说有个妒贤忌才的主考官为了让他的干儿子魁名高中，下决心要捺着那个姓林的才子，在批改林德祥的卷子时恰好碰到皇帝微服来访，主考官慌忙之中把卷子藏到案头那盆长得茂盛的兰花中，皇帝在不经意中看到并得知了实情，结局大家都能猜得到，不仅免了他的官职，还把那盆花“赐”给了他。主考官又羞又恼，不久就死了。从此以后，这种兰花的茎叶就再也没有直起来过，且渐渐演变成今天的吊兰，而它的花语也是取其意而来。

春天的守护者——常春藤

常春藤通体碧绿、光滑，有着美丽的掌状叶片，初生叶为五掌叶，等到叶子成熟之后就慢慢变成了三掌叶，身材曼妙又四季常青。常春藤在以前被认为是一种神奇的植物，并有象征忠诚的意义。而古希腊人认为，常春藤是兴旺、疯狂的象征。

◆蔓墙而生的常春藤

闲话常春藤

常春藤，又名洋常春藤、长春藤、土鼓藤、木茑、百脚蜈蚣，为五加科、常绿木质藤本植物，原产于欧洲、亚洲和北非。我国主要分布在华中、华南、西南、甘肃和陕西等地。它对环境的适应性很强，喜欢比较冷凉的气候，耐寒力较强。其茎生气根以攀缘他物，嫩叶以及花序被有星形鳞片，叶有柄，厚质，葡枝之叶稍呈三角形，掌状。果圆球形，浆果状，黄色或红色。花期5～8月，果期9～11月。

它是传说中的酒神狄尔索斯的圣物之一，酒神外号就叫“常春藤”。而在我国，常春藤也是一种寓意十分美好的植物，预示春天长驻。送友人常春藤表示友谊之树长青。如果朋友结婚，送新娘的花束中也少不了常春藤美丽的身影，祝愿“新婚幸福，百头偕老”。在古代的英国又有不同，英国在16世纪采用忽布花以前，都是用常春藤来酿啤酒，因为把它混在麦子里，会使麦子加速发酵成啤酒，所以常春藤的花语就是——感化。

小资料

百脚蜈蚣

常春藤茎上长有许多气生根，仔细观察一下还没有黏附在墙上或树干上的一段幼枝，会很容易看到它的一面或两面，生着一排排像刷子似的气根，因此，常春藤又有“百脚蜈蚣”的称号。

常春藤的类别

中华常春藤

老枝灰白色，幼枝淡青色，被鳞片状柔毛，枝蔓处生有气生根。叶革质，深绿色，有长柄，营养枝上的叶三角状卵形，全缘或三浅裂；花枝上的叶卵形至菱形。9～11月开花，花小，淡绿白色，有微香。核果圆球形，橙黄色，次年4～5月成熟。分布于我国华中、华南、西南及陕、甘等省。极耐阴，也能在光照充足之处生长。喜温暖、湿润环境，稍耐寒，能耐短暂的－5℃～－7℃低温，对土壤要求不高，但喜肥沃疏松的土壤。中华常春藤枝蔓茂密青翠，姿态优雅，可用其气生根扎附于假山，墙垣上，让其枝叶悬垂，如同绿帘，

◆盆栽常春藤

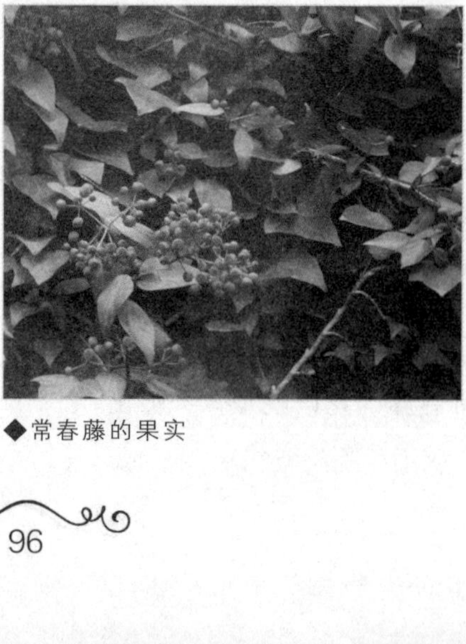

◆常春藤的果实

也可种于树下，让其攀于树干上，另有一种趣味。通常用扦插或压条法繁殖，极易生根，栽培管理简易。

◆日本常春藤

日本常春藤

日本常春藤叶质硬，深绿，具光泽，营养枝叶宽卵形，常三裂；生殖枝叶卵状披针形或卵状菱形。顶生伞形花序，黄绿色，果熟后黑色。原产日本、韩国及我国台湾。性强健，半耐寒，喜稍微荫蔽的环境。光照过弱、气温高时生长衰弱，是较好的室内观叶花卉。扦插、分枝、压条均可繁殖。

◆瑞典常春藤

西洋常春藤

西洋常春藤茎长可达 30 米，叶长 10 厘米，常 3～5 裂，花枝的叶一般全缘。叶表深绿色，叶背淡绿色，花梗和嫩茎上有灰白色星状毛，果实黑色。主要变种有诗人常春藤：叶浅裂，嫩叶 5～7 裂，黄绿色，花枝上的叶菱形、披针形，全缘。果实黄色。

瑞典常春藤，虽名为瑞典常春藤，却原产于澳大利亚。此花叶卵圆形，叶缘有半圆形锯齿。叶厚，有光泽，叶面黄绿色，叶背紫色，茎枝常呈方形，上有软毛。瑞典常春藤喜温暖、湿润环境。生长适温为 16℃～21℃，不耐寒，冬季气温低于 12℃即停止生长。每天最好能有 3～4 小时的直射阳光，但炎夏季节的中午前后则应适当遮阴，并在其周围喷水，保持空气湿润。这种常春藤比较耐阴，用吊盆栽植后，作为装饰室内的角落，那是相当合适。由于瑞典常春藤比其他常春藤生长快，因此需经常摘心，以促使其萌发侧芽，株形丰满。

金心常春藤

金心常春藤是常春藤家族中的一个园艺变种，中3裂，中心部嫩黄色，观赏价值高。

常春藤的用途

◆漫墙的常春藤

常春藤性喜温暖、荫蔽的环境，忌阳光直射，但喜光线充足，较耐寒，抗性强，对土壤和水分的要求不严，以中性和微酸性为最好。常春藤的叶色和叶形变化多端，四季常青，是优美的攀缘性植物。在庭院中可用以攀缘假山、岩石，或在建筑阴面作垂直绿化材料，也可盆栽供室内绿化观赏用。常春藤能有效抵制尼古丁中的致癌物质。通过叶片上的微小气孔，常春藤能吸收有害物质，并将之转化为无害的糖类与氨基酸。常春藤最美丽之处在于它长长的枝叶，只要将枝叶进行巧妙放置，就能带给人一场“视觉盛宴”。

常春藤的果实、种子和叶子均有毒，孩童误食会引起腹痛、腹泻等症状，严重时会引发肠胃发炎、昏迷，甚至导致呼吸困难等，但是它的茎叶也可当发汗剂以及解热剂。

守望幸福——绿萝

绿萝花的花语是“守望幸福”。绿萝花因其顽强的生命力，又被称为“生命之花”，遇水即活，蔓延下来的绿色枝叶非常容易满足，就连喝水也觉得是幸福的。

◆金绿萝

生长特性

绿萝枝繁叶茂，耐荫性好，终年常绿，有光泽。冬季，户外草木枯萎凋零，而室内的绿萝却郁郁葱葱，故它是室内观叶佳卉。由于绿萝的茎蔓生长速度较快，人们常作柱藤式栽培，即在花盆中央竖立支柱，支柱上包扎一些棕毛，支柱的直径达10～12厘米，然后盆中栽种3～4株幼苗，使其茎蔓围绕柱子攀缘生长。也有把绿萝栽植于花盆中，置于花架上，让其茎蔓悬挂而下，如同绿帘，别具风趣。它性喜高温、多湿、半阴的环境，不耐寒冷，适生温度为15℃～

◆绿萝

25℃，15℃以下生长缓慢，越冬温度不低于10℃。它对温度反应敏感，夏天忌阳光直射，在强光下容易叶片枯黄而脱落，故夏天在室外要注意遮阳。冬季在室内明亮的散射光下能生长良好，茎节坚壮，叶色绚丽。生长期间对水分要求较高，除正常向盆土补充水分外，还要经常向叶面喷水，做柱藤式栽培的还应多喷一些水于棕毛柱子上，使棕毛充分吸水，以供绕茎的气生根吸收。

来自热带雨林——绿萝品种

◆悬吊式栽培

绿萝又名黄金葛，原产印度尼西亚所罗门群岛的热带雨林，为天南星科喜林芋属常绿藤本植物，属于攀藤观叶花卉。性喜温暖、潮湿环境，藤长可达数米，节间有气根，随生长年龄的增加，茎增粗，叶片亦越来越大。萝茎细软，叶片娇秀。叶互生，绿色，少数叶片也会略带黄色斑驳，全缘，心形。叶片大小不一，黄金葛有一个奇妙的特性，即茎叶由下往上生长时，叶片会越来越大；但以吊盆栽培时，向下悬垂的叶片会越长越小，十分有趣。

常见的绿萝品种有：

银葛：叶上具乳白色斑纹，较原变种粗壮。

金葛：叶上具不规则黄色条斑。

三色葛：叶面具绿色、黄乳白色斑纹。

翠藤：叶片绿色，上面没有其他颜色的斑点和条纹。

栽培与繁殖

◆水培绿萝

绿萝一般采用扦插法繁殖，因其茎节上有气根，扦插极易成活。扦插时间在4～8月，扦插时剪取茎蔓15～20厘米长一段为插穗，剪去下部的叶片，仅留顶端叶片1～2个，斜插于沙床中，然后淋透水，保持湿润，以后要经常向插穗的叶面喷水，约十几天可生根。

绿萝也可用顶芽水插，方法是：剪取嫩壮的茎蔓20～30厘米长为一段，直接插于盛清水的瓶中，每2～3天换水一次，10多天可生根成活。盆栽绿萝由于受到盆土的限制，栽培时间过长后容易使植株老化，叶片变小而脱落。故栽培2～3年后须进行换盆或修剪更新。

现代的日本人有句新潮的语言："回到大自然中去。"为了多接触绿色的风光，许多家庭的客厅、书房、卧室、走廊甚至厕所浴室都喜欢摆设各种植物，尤以绿萝最受欢迎，他们美其名为"三栖花草"。

生活小贴士

环保学家发现，一盆绿萝在8～10平方米的房间内就相当于一个空气净化器。

由于绿萝能同时净化空气中的苯、三氯乙烯和甲醛，因此非常适合摆放在新装修好的居室中。

小贴士——水培

水培（Hydroponics）是一种新型的植物无土栽培方式，又名营养液培，其核心是将植物根茎固定于定植篮内，并使根系自然垂入植物营养液中，这种营养液能代替自然土壤向植物体提供水分、养分、氧气、温度等生长因子，使植物能够正常生长并完成其整个生命周期。这种体现先进生产力的植物栽培技术具有集约化、规模化和精确化的生产优势，而采用这种无土栽培技术培育出来的水培植物更是以其清洁卫生、格调高雅、观赏性强、环保无污染等优点而得到了国内外花卉消费者的青睐。

香石竹、文竹、非洲菊、郁金香、风信子、菊花、马蹄莲、大岩桐、仙客来、月季、唐菖蒲、兰花、万年青、曼丽榕、巴西木、绿巨人、鹅掌柴以及盆景花卉（如福建茶、九里香）等花卉水培的效果都很好。一般可进行水培的还有龟背竹、米兰、君子兰、茶花、月季、茉莉、杜鹃、金梧、万年青、紫罗兰、蝴蝶兰、倒挂金钟、五针松、喜树蕉、橡胶榕、巴西铁、秋海棠类、蕨类植物、棕榈科植物等。还有各种观叶植物，如天南星科的丛生春芋、银包芋、火鹤花、广东吊兰、银边万年青；景天种类的莲花掌、芙蓉掌及其他类的君子兰、兜兰、蟹爪兰、富贵竹、吊凤梨、银叶菊、巴西木、常春藤，彩叶草等百余种。

水培以水作为介质，介质不含植物生长所需的营养元素，因此必须配制必要的营养液，供植物生根、移植前幼苗生长所需，对不同植物营养液配方的选择是水培成功的关键。

小知识

绿萝属阴性植物，忌阳光直射，喜散射光，较耐阴。室内栽培可置窗旁，但要避免阳光直射。阳光过强会灼伤绿萝的叶片，过阴会使叶面上美丽的斑纹消失，通常以接受四小时的散射光，绿萝的生长发育最好。

美容产品真不少——芦荟

芦荟是一种常绿多肉质草本植物。芦荟历史悠久，早在古埃及时代，其药效便被人们接受、认可，称其为“神秘的植物”。关于芦荟的最早记载，是古埃及的医学书《艾帕努斯·巴皮努斯》中所记录的。考古发现，在埃及芦荟被放置在金字塔中木乃伊的膝盖之间。书中不仅记载了芦荟对腹泻和眼病的治疗作用，还包含了芦荟的多种处方。这部书写于公元前1550年，也就是说，在距今3500年前，芦荟就已经被当作药用植物了。

◆芦荟

形态特征及栽培

◆芦荟

芦荟是一种常绿多肉质草本植物，属百合科。叶簇生，呈座状或生于茎顶，叶常披针形或叶短宽，边缘有尖齿状刺。花序为伞形、总状、穗状、圆锥形等，色呈红、黄或具赤色斑点，花瓣六片、雌蕊六枚，花被基部多连合成筒状。

芦荟原产于非洲热带干旱地区，一般来说，芦荟被作为原产于非洲的植物，现在芦荟的分布几乎遍及世界各地。据调查，在印度和马来西亚一带、非洲大陆和热带地区，都有野生芦荟分布。在我国云南元江地区，也有野生状态的芦荟存在。

种植芦荟，最重要的是水不可太多，否则会使药效成分变淡，严重的情况下会使根部溃烂。春天一般都是每隔 5 天浇一次水；炎夏之时，每天当太阳下山后浇一次水；秋天的浇水方法与春天相同；冬天芦荟几乎进入休眠状态，此时只要将表面的土壤浇湿即可。

芦荟安全越冬温度为 5℃以上。在零度以下，叶子里的水分很快会被冻结。这是它的生命终结之时。

你知道吗？

“芦荟”名字的由来

芦荟中的“芦”字文意为黑的意思，而“荟”是聚集的意思。芦荟叶子切口滴落的汁液呈黄褐色，遇空气氧化就变成了黑色，又凝为一体，所以称作“芦荟”。

知道芦荟有哪些品种吗？

芦荟可食用的品种只有 6 种，其中具有药用价值的芦荟品种主要有：洋芦荟（又名巴巴多斯芦荟）；库拉索芦荟（分布于非洲北部、西印度群岛）；好望角芦荟（分布于非洲南部）；元江芦荟等。

库拉索芦荟，一般称为蕃拉芦荟，蕃拉为其种名的音译，又称真芦荟。它是目前应用在食品、药品和美容方面最广泛的品种，原产于非洲北部地区，现在美洲栽培最多，日本、韩国和我国台湾、海南岛也都有大面积商业化栽培，主要用于提取芦荟原汁，芦荟是中药老芦荟的原植物。后来由于人工选择的结果，在库拉索芦荟中，又选出不少变种，如中国芦荟、上农大叶芦荟等。

链接

中国芦荟

茎短，叶近簇生，幼苗叶成两列，叶面、叶背都有白色斑点。叶子长成，白斑不褪。叶子长约 35 厘米，宽 5～6 厘米，植株形似翠叶芦荟。

链接

上农大叶芦荟

叶片被有白色蜡粉，叶色翠嫩，叶片最大可达85厘米长、12厘米宽，叶肉洁白丰厚无苦味，生长速度快，宜于保护，开发利用价值很大，但在盆栽条件下分蘖能力弱小，主枝不分枝。

药用功效真不小

《中华本草》将芦荟的保健功能概括为：(1) 泄下，即润肠通便；(2) 调节人体免疫力；(3) 抗肿瘤；(4) 保护肝脏；(5) 抗胃损伤；(6) 抗菌；(7) 修复组织损伤；(8) 对皮肤的保护作用。

◆芦荟饮料

经营养分析，芦荟富含烟酸、维生素 B_6 等，是苦味的健胃轻泻剂，有抗炎、修复胃黏膜和止痛的作用，有利于胃炎、胃溃疡的治疗，能促进溃面愈合，对于烧、烫伤，芦荟也能有很好的抗感染、助愈合的功效。

它本身还富含铬元素，具有胰岛素样的作用，能调节体内的血糖代谢，是糖尿病病人的理想食物和药物。芦荟多糖的免疫复活作用可提高机体的抗病能力。各种慢性病，如高血压、痛风、哮喘、癌症等，在治疗过程中配合使用芦荟可增强疗效，加速机体的康复。

此外，芦荟富含生物素等，是美容、减肥、防治便秘的佳品，对脂肪代谢、胃肠功能、排泄系统都有很好的调整作用。

保湿作用：芦荟中所含的氨基酸和复合多糖物质构成有天然保湿因素(NMF)。这种天然保湿因素能够补充皮肤中损失掉的部分水分，恢复胶原蛋白的功能，防止面部皱纹，保持皮肤光滑、柔润、富有弹性。

防晒作用：美国得克萨斯大学癌症中心的费思·斯特里克兰博士指出，芦荟凝胶不仅是对阳光的屏蔽，而且能阻止紫外线对免疫系统产生的危害，并能恢复被损伤的免疫功能，使晒伤获得痊愈，阻止皮肤癌的形成。

友情提醒——使用芦荟注意安全

不是所有芦荟都可以食用，芦荟有500多个品种，但可以入药的只有十几种，可以食用的就只有几个品种。芦荟有苦味，加工前应去掉绿皮，水煮3～5分钟，即可去掉苦味。

芦荟含有的芦荟大黄素有泄下通便之效，会导致腹泻，故不可多吃。体质虚弱者和少年儿童不要过量食用，否则容易发生过敏。孕、经期妇女严禁服用，因为芦荟能使女性内脏器官充血，促进子宫运动。患有痔疮出血、鼻出血的患者也不要服用芦荟，否则会引起病情恶化。

如何使用芦荟

◆干芦荟叶

内服法：

最简单、最快获得药效的方法就是直接生吃新鲜叶片，也可以把生的新鲜叶片制成薄片、糖醋渍品、液汁或油炒后食用。生嚼芦荟叶肉，能够起到较好的调理和保健作用。每次生叶食量以15克为宜。生嚼芦荟叶片不适应者，可采取服用新鲜叶汁的方法。成人每次一匙，每天2～3次，小孩和老人用量应适当减少。用干燥的叶片泡制茶或酒、制成粉末或颗粒状药剂、制成液汁等都是内服的有效方法。

外用法：

芦荟的叶片中含有丰富的黏胶液体，具有防溃疡、促进伤口愈合、刺激细胞生长和止血作用。外用时直接用新鲜叶片涂抹，或使用芦荟制成的外用药酒。外用方法都比较安全，应注意选择成熟度高的芦荟叶片，这样疗效会更好。

广角镜——芦荟胶的作用

切眉，文眼线，唇线涂上芦荟胶消肿；

中耳炎用棉签沾上芦荟胶用，每天多次使用会痊愈；

鼻炎直接用芦荟胶涂；

口腔，牙疾哪疼涂哪，止痛消肿；

涂口红易吸收有毒成分，经常用芦荟胶涂唇可排毒；

用芦荟胶涂于面部有防晒、保湿、美白、祛斑、祛痘、祛皱、去下眼袋等功效；

烧，烫，冻伤，蚊虫叮咬涂上芦荟胶不留疤痕，止痒；

手术后，纱布去掉时马上涂芦荟胶，刀口长得快，不留痕。

沙漠英雄花——仙人掌

◆繁茂的仙人掌

仙人掌是一种植物，是墨西哥的国花，属于石竹目沙漠植物的一个科。由于对沙漠缺水气候的适应，叶子演化成短短的小刺，以减少水分蒸发，亦能作阻止动物吞食的武器；茎演化为肥厚含水的形状；同时，它长出覆盖范围非常之大的根，用作下大雨时吸收最多的雨水。目前仙人掌科的植物将近有2000种。

奇特的形态特征

叶

原始的仙人掌类植物是有叶的。它们原来分布在不太干旱的地区，外形和普通的植物并没有多大的区别。只是由于沧海桑田的变化，原来湿润的地区变得越来越干旱，为了适应环境以求生存，仙人掌外形发生了变化，正常的扁平叶逐渐退化成圆筒状，进而又退化成鳞片状，最后完全消失。今天在中美洲一些不太干旱的地区还分布着一些原始的仙人掌类。

◆英麒麟（叶仙人掌）

其中叶仙人掌属、麒麟掌属及顶花膜鳞掌属的种类具正常的扁平叶，但其大小和肉质化程度有变化。

◆墨西哥仙人掌

茎

具有正常扁平叶的原始类型的仙人掌类，其茎的特点也同大多数种类不同。它们有的如藤本状的灌木，茎的表皮通常不呈绿色，除幼嫩部分外大多木质化。个别种类茎如一般乔木，高大又高度木质化，如巴伊亚叶仙人掌和月之沙漠，它们的主茎高 8～9 米。不具叶的那些种类由于其进行光合作用的功能主要由茎承担，因此茎在正常情况下呈绿色，也不木质化。在形态上可以说没有哪一个科的植物如仙人掌科那样变化万千：它们有的扁平如镜，有的如灯台、管风琴，有的如山峦重叠，有的细长如蛇。更多的呈球形或近似球形，这是长期适应干旱环境的结果，因为同样的体积，球状体表面积最小，蒸腾量也减小。因此，在整个仙人掌家族中，球形的种类占一半以上。

◆仙人球

棱与疣状突起

球形种类的棱较多些，个别的种类多达 120 棱，一般也有 10 余棱。这对于适应干旱环境有很大的意义。很多仙人掌类植物的原产地都有这样的特点：每年中有很长时间滴雨不下，但雨季时在短时间内会下很大的雨。而生长在这种环境下的仙人掌类在旱季时由于水分不断散失而体积缩小，一旦下雨则最大限度地吸水使株体迅速膨胀。如果没有这种棱像手风琴褶箱那样伸缩，那么表皮肯定要破裂。棱的数量多少和排列方式客观上也为

◆仙人柱开花

我们区别种类提供了依据，在分类上有一定的意义。仙人掌类的茎除有棱以外，还有疣状突起。这是一种独特的构造，幼嫩的仔球可得到疣突和疣突先端刺的保护，避免阳光灼伤和动物侵害。因此目前所有的分类学家都认为，疣状突起明显的属种是仙人掌科中最高度进化的物种。

刺座、刺和毛

刺座是仙人掌类植物特有的一种器官。从本质上来讲，刺座是高度变态的短缩枝，表面上看为一垫状结构。刺座上着生多种芽，有叶芽、花芽和不定芽，因而刺座上不仅着生刺和毛，而且花、仔球和分枝也从刺座上长出。

◆仙人球的刺座、刺和毛

刺对于仙人掌类植物的生存有重要意义，它是一种保护机制的产物。刺的数量多少以及排列、色彩、形状等各种各样，变化无穷，给人以美的享受。同时它又是鉴别种类、进行分类的重要依据。刺的形状主要有锥状、巴首状、钩状、锚状、栉齿状和羽毛状等。

毛也从刺座上长出，长短粗细不一，色彩多样，先端决不带钩。生长在高海拔地区的种类通常长有很长的毛，有白毛的翁柱、翁锦、鹰翁和猩猩翁等，也有黄毛的金煌柱、彩煌柱和黄鹰等，更有一头红发的红头摩天柱。这些长毛有效地保护植物不被高山上强烈的紫外线所灼伤。

花

仙人掌还有奇形怪状的茎、鲜艳的花。别看仙人掌的奇形怪状加上锐利的尖刺，使人望而生畏，但它们开出的花朵却分外娇艳，花色丰富多彩，伴流苏般的花穗。如长鞭状的“月夜皇后”，开白色的大型花朵，直径达五六十厘米。被人们喻为“昙花一现”的昙花，就是原产中、南美洲热带森林中一种附生类型的仙人掌类植物。

仙人掌以花取胜还只是培养者宠爱它的一个原因，而形状、颜色各不相同的刺丛与绒毛，也受到许多观赏者的喜爱。尤其是一些鲜红、金黄的刺丛与雪白的绒毛品种，更是千姿百态。难怪有人称它们为“有生命的工艺品”呢。

◆仙人掌的花

◆鲜艳的花

◆假昙花

◆千姿百态的花

广角镜——墨西哥的国花

◆墨西哥国花

相传仙人掌是神赐予墨西哥人的。仙人掌有“沙漠英雄花”的美誉。仙人掌类植物全世界有2000多种，其中一半左右就产在墨西哥。高原上千姿百态的仙人掌在恶劣环境中，任凭土壤多么贫瘠，天气多么干旱，它却总是生机勃勃，凌空直上，构成墨西哥独特的风貌。什么病虫害虫都别想侵害它。它全身带刺，具有顽强的生命力、坚韧的性格，有水、无水、天热、天冷都不在乎，在翡翠状的掌状茎上却能开出鲜艳、美丽的花朵，这就是坚强、勇敢、不屈、无畏的墨西哥人民的象征。为了展示仙人掌的风采，弘扬仙人掌精神，墨西哥每年8月中旬都要在首都附近的米尔帕阿尔塔地区举办仙人掌节。节日期间，政府所在地张灯结彩，四周搭起餐馆，展售各种仙人掌食品。

据说在墨西哥有101种烹调仙人掌的方法，蒸炸煮炒，腌渍烧烤，或作料凉拌，无所不能。其中辣炒仙人掌、蛋煎仙人掌和仙人掌沙拉是最为著名的几种。人们吃仙人掌吃的是它嫩茎的部分，用仙人掌片做菜，通常是去刺去皮后水煮、切片、加油、放入调料即成凉菜，若做热炒则不需水煮直接切后烹饪。

用途广泛

◆仙人掌炒的菜

人们常常认为，仙人掌只是作为观赏植物的，没什么用途。其实不然，很多仙人掌类植物的果实，不仅可以生食，还可酿酒或制成果干。仙人掌历来是美洲传统的食品，是人们日常生活中不可缺少的一种特色蔬菜和水果，人们将仙人掌洗净切碎后煮在汤中，或是架在炉上烤制，或是做成饼馅，或是直接将新鲜的仙人掌腌制，还有的用仙人掌来酿酒。在墨西哥的市场上，一些片状仙人掌的嫩茎可作为蔬菜出售。有些柱状仙人掌的木质躯干一直被印第安人用作建筑材料。仙人掌片状茎节不仅可作牲畜饲料，而且它的黏稠汁液还可作为清洁水质的净化剂使用。有些地方在宅旁地边种一些棘刺浓密的仙人掌，当作刺篱。

点击——仙人掌的储水功能

仙人掌大多生长在干旱的环境里，有的呈柱形，高 10 多米，重量约一两万千克，巍然屹立，甚为壮观。一些长着棘刺的仙人球，有的寿命高达 500 年以上，可长成直径两三米的巨球，人们劈开它的上部，挖食柔嫩多汁的茎肉解渴充饥。仙人掌类植物还有一种特殊的本领，在干旱季节，它可以不吃不喝地进入休眠状态，把体内的养料与水分的消耗降到最低程度。当雨季来临时，它们又非常敏感地“醒”过来，根系立刻活跃起来，大量吸收水分，使植株迅速生长并很快地开花结果。有些仙人掌类植物的根系变成胡萝卜状，可贮存三四十千克水分。曾经有人把一个仙人球包在干燥的纸袋里放了两年多，尽管有些皱缩，但一种到盆里，浇水后又很快长出了新根，并恢复生长。仙人掌以它那奇妙的结构，惊人的耐旱能力和顽强的生命力，受到人类的赏识。

仙人掌表面有层蜡质，叶子也进化成了针状，减少了水分蒸腾。仙人掌进化了肉质组织、蜡质皮肤和尖尖的刺，还有专业化的根系使它们在这种艰苦的生态环境下能具备全部的生长优势。树干充当水库，根据其蓄水的多少可以膨胀和收缩。皮上的蜡质保护层可保持湿气，减少水分流失。尖尖的刺可防止口渴的动物把它当成免费饮料。它们通常发展众多的浅根，只扎在地表下一点点，根系分布能扩展到它周围的几米远，以尽可能地吸收水。当下雨时，仙人掌会发出更多的根。当干旱时，它的根会枯萎、脱落，以减少水分的消耗。

清热解毒良药——金银花

金银花，又名忍冬、银花、双花等，自古被誉为清热解毒的良药。它性甘寒，气芳香，清热而不伤胃，芳香透达又可祛邪。金银花既能宣散风热，还善清解血毒，用于治疗各种热性病，如身热、发疹、发斑、热毒疮痈、咽喉肿痛等症，均效果显著。根据2005年新版《中国药典》，金银花为忍冬科忍冬属植物忍冬的干燥花蕾或带初开的花。

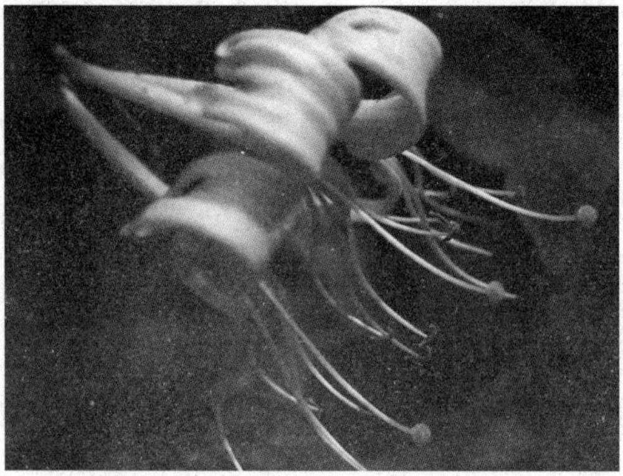

◆金银花

名字的由来

◆金银花

金银花别名众多：二花，二苞花，通灵草，忍冬，茶叶花，二宝花，二花秧，二色花，藤金钗，股金花，金藤花，金银花藤，金银藤，老翁须，两宝藤，鹭鸶花，鹭鸶藤，密桶草，忍冬草，忍冬花，忍冬藤，双苞花，双花，苏花，银花，银花藤，银花秧，银藤，右旋藤，鸳鸯藤，左缠藤。

由于忍冬花初开为白色，后转为黄色，因此得名金银花。

金银花又名忍冬草。它的药材基源包括：忍冬科植物忍冬、华南忍冬、菰腺忍冬、黄褐色忍冬的花蕾。

顽强的生命力

一、温度：3℃以下生理活动微弱，生长缓慢；5℃以上萌芽抽枝；16℃以上新梢生长快；20℃左右花蕾生长发育快。

因为金银花能抗零下30℃低温，故又名忍冬花。它适应性强，可以在任何地方生长。

二、适应性强。山区、平原、黏壤、砂土、微酸偏碱地带都能生长。北起东三省，南到广东、海南岛，东从山东，西到喜马拉雅山均有分布，日本、朝鲜也有少量野生。农谚云：“涝死庄稼旱死草，冻死石榴晒伤瓜，不会影响金银花。”

三、习性：喜光也耐荫，耐寒，耐旱及水湿，对土壤要求不严，酸碱土壤上均能生长。性强健，适应性强，根系发达，萌蘖力强，茎着地即能生根。

形态特征

◆金银花

忍冬，多年生半常绿缠绕木质藤本，长达 9 米。茎中空，多分枝，幼枝密被短柔毛和腺毛。叶对生；叶柄长 4～10 厘米，密被短柔毛；叶纸质，叶片卵形、长圆卵形或卵状披针形，长 2.5～8 厘米，宽 1～5.5 厘米，先端短尖、渐尖或钝圆，基部圆形或近心形，全缘，两面和边缘均被短柔毛。

花成对腋生，花梗密被短柔毛和腺毛；总花梗通常单生于小枝上部叶腋，与对柄等长或稍短，生于下部者长2～4厘米，密被短柔毛和腺毛；苞片2枚，叶状，广卵形或椭圆形，长约3.5毫米，被毛或近无毛；小苞片长约1毫米，被短毛及腺毛；花萼短小，萼筒长约2毫米，无毛，5齿裂，裂片卵状三角形或长三角形，先端尖，外面和边缘密被毛；花冠唇形，长3～5厘米，上唇4浅裂，花冠筒细长，外面被短毛和腺毛，上唇4裂片先端钝形，下唇带状而反曲，花初开时为白色，2～3天后变金黄色；雄蕊5，着生于花冠内面筒口附近，伸出花冠外；雌蕊1，子房下位，花柱细长，伸出。浆果球形，直径6～7毫米，成熟时蓝黑色，有光泽。花期4～7月，果期6～11月。

清凉解毒的良药

金银花应用范围非常广泛。在很多防治非典的中药处方中都使用了金银花。日常生活中，人们还经常以金银花泡水代茶来治疗咽喉肿痛和预防上呼吸道感染。

◆金银花茶

中医认为，金银花性寒、味甘、气平，具有清热解毒之功效，可以治疗热毒肿疡、痈疽疔疮等症。由于兼有宣散作用，故又可治疗外感风热和温病初起。如治疗风热感冒的银翘解毒片（丸），就是以金银花为主药的。与黄芩制成的银黄片，可以治疗急性上呼吸道感染、急性咽喉炎、急性扁桃体炎等。金银花加水蒸馏可获得“金银花露”，有清暑解热的作用，可以治疗小儿热疖、痱子、暑热等症。

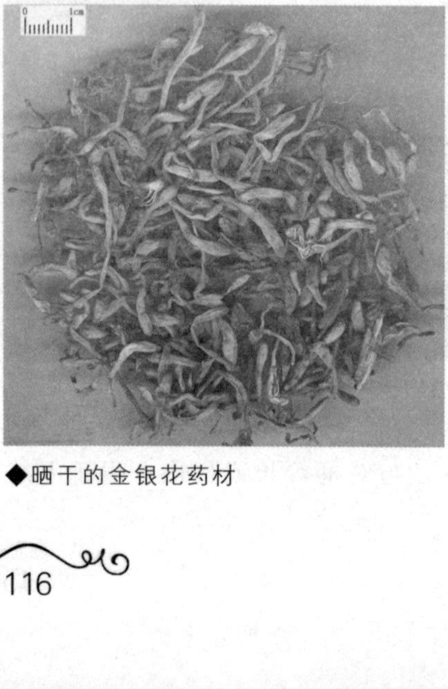

◆晒干的金银花药材

自古以来，我国民间就有这样一个习惯，在炎夏到来之际，给儿童喝几次金银花茶，可以预防夏季热疖的发生；在盛夏酷暑之际，喝金银花茶又能预防中暑、肠炎、痢疾等症。

炎夏酷暑之际，人们容易中暑，用金银花制成凉茶，频频饮用，能够预防中暑。夏末至中秋季节，细菌性痢疾、肠炎多发，可以金银花为主，配以黄连、黄芩，煎成汤剂口服，具有良好的防治作用。采摘金银花宜在含苞待放之时，以色黄白、肥大者为佳。

◆金银花枸杞茶

传说趣闻——金银花在中国

据有关文献记载，金银花在我国已有2200多年栽植史。早在秦汉时期的中药学专著《神农本草经》中，就载有忍冬，称其“凌冬不凋”；金代诗人段克诗曰：“有藤鹭鸶藤，天生非人有，金花间银蕊，苍翠自成簇”。

相传诸葛亮在七擒孟获的过程中，大部分将士水土不服，中了山岚瘴气。后经一小村寨，见村民面黄肌瘦，诸葛亮顿起恻隐之心，发放军粮施救。村民们十分感谢，一土著白发老人得知许多蜀兵患了“热毒病”时，便叫来自己的一对孪生孙女儿：“金花、银花，你们去采几筐仙药来为蜀军解难。”然而三天后，姐妹仍未归来。人们多方寻找，在一处山崖，只见两只药筐中已采满了草药，筐边有野狼的足迹和被撕碎的衣服鞋子……

蜀军将士吃了草药得救了，而金花、银花却为此献出了生命，为了纪念她们，人们就把这种草药开的花叫作“金银花”。

我国特有树种——杜仲

◆杜仲叶中含杜仲胶

杜仲为我国特有，被列为国家二类保护植物。别名丝棉树、丝棉皮、玉丝皮。它在植物分类学上独树一帜，仅有一科、一属、一种。杜仲是一种价格昂贵的中药材，具有补肝肾、强筋骨、安保胎、活血通络、降血压等功效。

生长习性与分布地区

◆杜仲树

杜仲为落叶乔木，高达 20 米。小枝光滑，黄褐色或较淡，具片状髓。皮、枝及叶均含胶质。单叶互生；椭圆形或卵形，长 7～15 厘米，宽3.5～6.5 厘米，先端渐尖，基部广楔形，边缘有锯齿，幼叶上面疏被柔毛，下面毛较密，老叶上面光滑，下面叶脉处疏被毛；叶柄长 1～2 厘米。花单性，雌雄异株，与叶同时开放，或先叶开放，生于一年生枝基部苞片的腋内，有花柄；无花被；雄花有雄蕊 6～10 枚；雌花有一裸露而延长的子房，子房 1 室，顶端有 2 叉状花柱。翅果卵状长椭圆形而扁，先端下凹，内有种子 1 粒，花期 4～5 月，果期 9 月。

它生于山地林中或栽培，分布长江中下游及南部各省，陕西、甘肃等地均有栽培。喜阳光充足、温和湿润气候，耐寒，对土壤要求不严，丘

◆杜仲雄花

◆杜仲雌花

◆杜仲果实

陵、平原均可种植，也可利用零星土地或四旁栽培。

杜仲的嫩叶亦供药用。另外，通常人们吃到的杜仲是树木的树皮部分。

药材杜仲

杜仲干燥树皮，为平坦的板片状或卷片状，大小厚薄不一，一般厚3～10毫米，长40～100厘米。外表面灰棕色，粗糙，有不规则纵裂槽纹及斜方形横裂皮孔，有时可见淡灰色地衣斑。但商品多已削去部分糙皮，故外表面淡棕色，较平滑。内表面光滑，暗紫色。质脆易折断，断面有银白色丝状物相连，细密，略有伸缩性。气微，味稍苦，嚼之有胶状残余物。以皮厚而大，糙皮刮净，外面黄棕色，内面黑褐色而光，折断时白丝多者为佳。皮薄、断面丝少或皮厚带粗皮者质次。

◆药材杜仲

其药用功效为：降血压、补肝肾，强筋骨等，可治疗高血压、小儿麻痹后遗症等。

小知识——杜仲的营养

树皮含杜仲胶6%～10%，根皮含杜仲胶10%～12%，树叶含杜仲胶2%～4%。此外，还含糖甙0.142%、生物碱0.066%、果胶6.5%、脂肪2.9%、树脂1.76%、有机酸0.25%、酮糖（水解后3.5%）、维生素C20.7%。另外还含有维生素E、维生素B及β—胡萝卜素等，还含有很多人体必需的微量元素、醛糖、绿原酸。

杜仲种子所含脂肪油的脂肪酸组成为亚麻酸67.38%、亚油酸9.97%、油酸15.81%、硬脂酸2.15%、棕榈酸4.68%。果实含胶量可达27%，易溶于乙醇、丙酮等有机溶剂。

饮食杜仲

杜仲茶：

杜仲茶以杜仲的叶为原料。杜仲叶在它生长最旺盛时，或在花蕾将开放时，或在花盛开而果实种子尚未成熟时采收，以做杜仲茶。常饮有益健康，睡前喝一杯特好，无任何副作用，保健价值极高，饮用方便。

杜仲茶具有降压、通便利尿、增强机体免疫力、调节心血管功能，镇静镇痛、抗肿瘤、抗衰老、减肥美容的保健作用。

杜仲美食：

1. 杜蓉仙子汤

功效：滋阴助阳，温理补肾，特别适于调理因肾虚引起的脸色晦暗，过度疲劳的人也很适合用于滋补元气。

原料：猪腰150克，杜仲8克，肉苁蓉5克。

2. 杜仲炖鸡

功效：补而不燥，适用于老年多病、气血虚弱、腰酸肢冷及妇女产后虚弱等。

原料：嫩母鸡一只，杜仲20克，生姜5片。

制法：把鸡洗净，摘去油脂，放在炖锅里加清水250克，放入杜仲、姜片，炖时加盖，隔水文火炖4小时后调味服用。

传说故事——“杜仲”的故事

古时候，有个打柴的人，姓杜名仲。他每天都上山打柴，养活年老的母亲。

有一回，他得了腰疼病，疼得好厉害呀。

夏日的一天，杜仲在山上打柴的时候，腰又疼了，他只好停下来，靠在一棵大树上休息。树荫下很舒服，他光着脊背，靠着大树慢慢地睡着了。

一觉醒来，他感到腰部舒服极了，好松快呀。从此以后，杜仲每天都让腰部在树皮上蹭一蹭。慢慢地，杜仲的腰病全好了。

有一天，杜仲的老母亲也得了腰疼病，躺在床上起不来。杜仲忙前忙后地照顾母亲，母亲的病也不见好。他忽然想起了山上的那棵大树，连忙跑到山上，剥来了一些树皮。杜仲把树皮绑在老母亲的腰上。哈，真灵，老母亲渐渐地能坐起来了。

后来，村里的人们听说了，都用这种树皮治病。

这种树没有名字，因为是杜仲发现的，人们就叫它“杜仲”。后来，“杜仲”成了中国名贵的中草药，杜仲树也受到了人们的保护。

药中之圣——人参

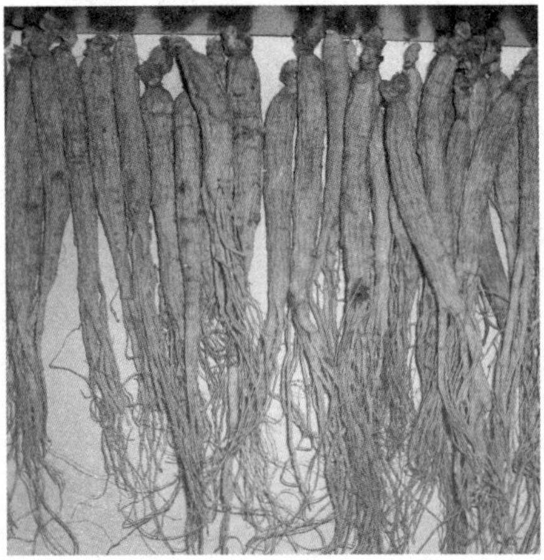
◆人参

人参是亚洲常见药材，北美洲也普遍使用花旗参，许多草药铺和超市都能找到各式人参饮片及萃取物保健产品，用于愈后恢复、增强体力、调节荷尔蒙、降低血糖和控制血压、控制肝指数和肝功能保健等。人参根部所含皂苷是其有效成分，中国长白山野参皂苷成分较高，但取得不易，价格高昂。人参不易栽培，韩国于18世纪初开始栽培人参，美国在19世纪中期开始栽培花旗参。人参对治疗慢性肺感染、阿兹海默氏症等具功效，已引起美国国家补充替代医学中心等研究单位的重视。

形态特征与生长环境

◆人参的地上部

人参为多年生草本植物；主根肉质，圆柱形或纺锤形，须根细长；根状茎（芦头）短，上有茎痕（芦碗）和芽苞；茎单生，直立，高40～60厘米。叶为掌状复叶，2～6枚轮生茎顶，依年龄而异：1年生有3小叶，2年生有5小叶1～2枚，3年生2～3枚，4年生3～4枚，5年生以上

◆红参

4～5 枚，最多的 6 枚；小叶 3～5 枚，中部的 1 片最大，卵形或椭圆形，长3～12 厘米，宽 1～4 厘米，基部楔形，先端渐尖，边缘有细尖锯齿，上面沿中脉疏被刚毛。伞形花序顶生，花小；花萼钟形，具 5 齿；花瓣 5，淡黄绿色；雄蕊 5，花丝短，花药球形；子房下位，2 室，花柱 1，柱头 2 裂。浆果状核果扁球形或肾形，成熟时鲜红色；种子 2，扁圆形，黄白色。

人参多生长在北纬 40°～45°之间，1 月平均温－23℃～5℃，7 月平均温 20℃～26℃，耐寒性强，可耐－40℃低温，生长适宜温度为 15℃～25℃，积温 2000℃～3000℃，无霜期 125～150 天，积雪 20～44 厘米，年降水量 500～1000 毫米。土壤为排水良好、疏松、肥沃、腐殖质层深厚的棕色森林土或山地灰化棕色森林土，pH 值 5.5～6.2。多生于以红松为主的针阔混交林或落叶阔叶林下，郁闭度 0.7～0.8。人参通常 3 年开花，5～6 年结果，花期 5～6 月，果期 6～9 月。

你知道有哪些人参吗?

栽培者为“园参”，野生者为“山参”。多于秋季采挖，洗净；园参经晒干或烘干，称“生晒参”；山参经晒干，称“生晒山参”，蒸制后，干燥，称“红参”。

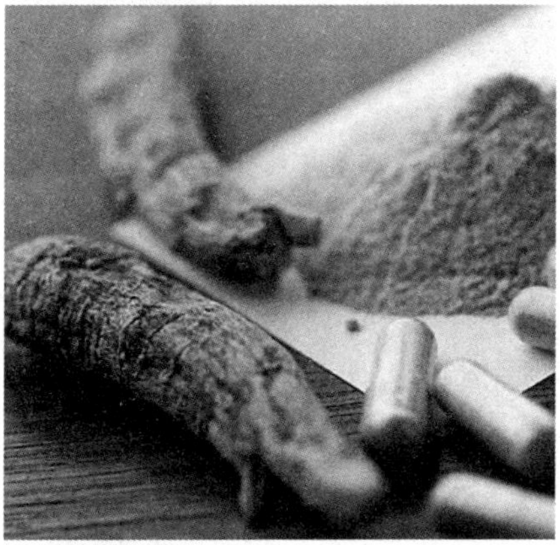
◆人参粉

红参：用高温蒸汽蒸 2 小时直至全熟为止，干燥后除去参须，再压成不规则方柱状。功效：温补。补气中带有刚健温燥之性，长于振奋阳气，适用于急救回阳。

白参（糖参）：多选用身短、质较次的高丽参，用沸水烫煮片刻，浸糖汁中，然后晒干。功效：性最平和，效力相对较小，适用于健脾益肺。

生晒参：性较平和，不温不燥，既可补气、又可生津，适用于扶正祛邪，增强体质和抗病能力。

参须：以红参须为多见，性能与红参相似，但效力较小而缓和。

野山参：无温燥之性，大补元气，为参中之上品，但资源少，价格昂贵，很少用。性味归经，甘、微苦、微温。归脾、肺经。药物功效：大补元气，补脾益肺，生津益血，安神增智。

小知识

1. 人参不可滥用。
2. 服用人参后忌吃萝卜（含红萝卜、白萝卜和绿萝卜）和各种海味。
3. 服人参后，不可饮茶，免使人参的作用受损。
4. 无论是煎服还是炖服，忌用五金炊具。

人参服用方法

◆白参

中国食用人参的历史悠久，对它的神奇功效也是推崇备至，据史书记载：人参对人体有“补五脏、安精神、定魂魄、止惊悸、明目开心益智”功效。它的食用方法很有讲究：

（一）炖服。将人参切成2毫米的薄片，放入瓷碗内，加满水，封密碗口，放置于锅内蒸炖4～5小时即可服用。

（二）嚼食。以2～3片人参含于口中细嚼，生津提神，甘凉可口，是最简单服用方法。

（三）磨粉。将人参磨成细粉，每天吞服，用量视个人体质而定，一般每次1～1.5克。

（四）冲茶。将人参切成薄片，放在碗内或杯中，用开水冲泡，闷盖5分后即可服用。

（五）泡酒。将整根人参或切成的薄片装入瓶内用50～60度的白酒浸泡，每日酌情服用。

（六）炖煮食品。人参在食用时常常伴有一定的苦味，如果将人参和瘦肉、小鸡、鱼等一起烹炖，可消除苦味，滋补强身。

传说故事——人参的由来

深秋的一天，有两兄弟要进山去打猎。进山后，兄弟俩打了不少野物。正当他们继续追捕猎物时，天开始下雪，很快就大雪封山了。没办法，两人只好躲进一个山洞，他们除了在山洞里烧吃野物，还到洞旁边挖些野生植物来充饥。一天，他们发现一种外形很像人形的东西味道很甜，便挖了许多，当水果吃。不久，他们发觉，这种东西虽然吃了浑身长劲儿，但是多吃会出鼻血。为此，他们每天只吃一点点，不敢多吃。转眼间冬去春来，冰雪消融，兄弟俩扛着许多猎物，高高兴兴地回家了。

村里的人见他们还活着，而且长得又白又胖，感到很奇怪，就问他们在山里吃了些什么。他们简单地介绍了自己的经历，并把带回来的几枝植物根块给大家看。村民们一看，这东西很像人，却不知道它叫什么名字，有个长者笑着说："它长得像人，你们两兄弟又亏它相助才得以生还，就叫它'人生'吧!"后来，人们又把"人生"改叫"人参"了。

人参果是人参的果实吗?

《西游记》第二十四回记载：在万寿山五庄观，有棵灵根，唤名草还丹，又名人参果。该树三千年一开花，三千年一结果，再三千年才得以成熟。人若有缘，闻一闻能活三百六十岁。吃一个能活四万七千年。

◆人参果

其实，地球上不仅真有人参果，而且多种多样：有树上长的，枝上结的，藤上挂的，也有土里生的。人参果果实形状多似心脏形和椭球形，成熟时果皮呈金黄色，有的带有紫色条纹，有淡雅的清香，果肉清爽多汁，风味独特，并且它富含蛋白质、维生素与矿物元素，具有保健功效。由此可见，人参果和人参没有任何的关系。

广角镜——千年人参

◆长白山的千年野山人参

老城隍庙童涵春堂的人参节上，展出了一株重为75.8克的野山人参。经鉴定，这株人参在吉林长白山脉的地里已穿越千年历史，参农发现的时候出土重量达300多克，是迄今为止分量最重的一株人参。据悉，它还以222万元“天价”创下了新纪录。这株粗壮的野山人参伸出“三头六臂”，其中一“臂”总长近1.6米，非常罕见（见左图）。

植物杀手——捕蝇草

捕蝇草属于维管植物的一种，是很受欢迎的食虫植物，拥有完整的根、茎、叶、花朵和种子。它的叶片是最主要并且明显的部位，拥有捕食昆虫的功能，外观明显的刺毛和红色的无柄腺部位，相貌好似张牙利爪的血盆大口。盆栽可适用于向阳窗台和阳台观赏，也可专做栽植槽培养；捕蝇草被誉为自然界的肉食植物。

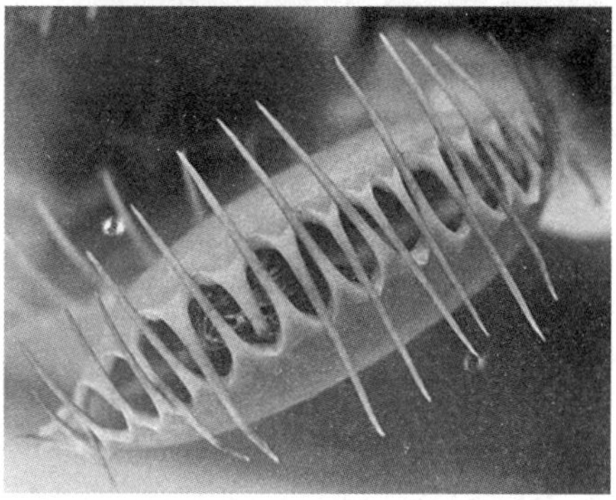

◆捕蝇草

奇特的形态特征

捕蝇草（又称食虫草、捕虫草）是一种非常有趣的食虫植物，在叶的顶端长有一个酷似“贝壳”的捕虫夹，且能分泌蜜汁，当有小虫闯入时，能以极快的速度将其夹住，并消化吸收。捕蝇草独特的捕虫本领与酷酷的外形，使它成了最受国内玩家宠爱的食虫植物。

◆捕蝇草叶上有敏感的感觉毛

根和茎：捕蝇草的根比较短并且不发达，主要的功能是吸取水分。它的茎也比正常的一般植物小，连接叶柄并不明显，不过在生长过程中会发

◆捕蝇草

育出鳞茎，鳞茎属于演化过的一种变态茎。

叶子：捕蝇草的叶子是由中心部位生长出来，属于轮生的叶子，显连座状以丛生的形态生长。中央长出来扁平或者细线状，好似翅膀形状的是属于叶柄的部分，原生种的叶柄是扁平如叶片一般，因此反而像是叶子，所以也称作假叶。叶柄的末端带有一个捕虫夹，这才是会捕捉昆虫的叶子部分，正面分布有许多的无柄腺，一般是红色或橙色，越接近叶缘的地方的无柄腺就越少，这部分是分泌消化液来分解昆虫或则吸收昆虫的养分的部位。叶缘长有齿状的刺毛，刺毛的基部有分泌腺，会分泌出黏液，作用是防止昆虫挣脱和使叶瓣黏合。这种叶子拥有捕捉昆虫的特殊功能和特殊的模样，属于变态叶中的“捕虫叶”。

想一想——“捕虫夹”该是多大才合适呢？

捕蝇草的捕虫夹尺寸一直受到大家关心。在良好的栽培环境、有充足的养分下，捕蝇草会长出越大的捕虫夹，但会达到一个极限，捕蝇草的捕虫夹最大约可达到3～5厘米长。捕蝇草的捕虫夹尺寸是经过长久演化而得到最佳的大小，以这样尺寸的捕虫夹可以让捕蝇草捕捉到大部分的昆虫。若捕蝇草的夹子能长得更大，那么捕蝇草就会少了许多捕食的机会，因为体型较大的昆虫其数量较少，而为数众多的小型昆虫能从未完全闭合的捕虫夹逃走，因此若长出更大捕虫夹对捕蝇草是不利的，反而会在演化的过程中淘汰掉。

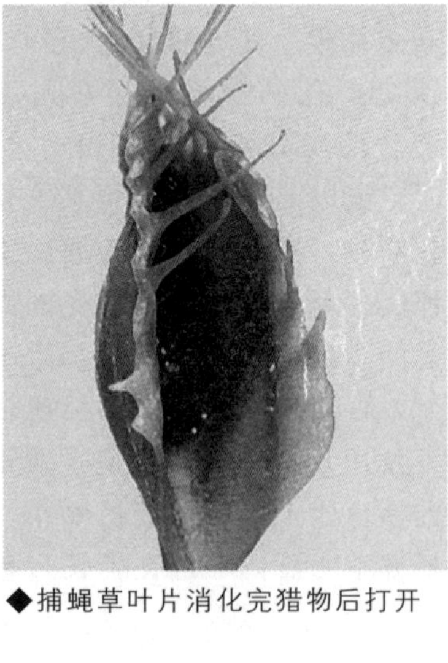
◆捕蝇草叶片消化完猎物后打开

花：蝇草的开花时期为初夏到盛夏，初期

的时候会生长出花茎，每个花茎拥有大概5～10个花苞，属于标准的伞房花序，每日依序开出白色的花朵。原则上每株花开出一个花茎，如果生长的环境和养分充足的话，有时候也会生长出两个花茎，一般正常状况下大都为5片花瓣和5花萼，偶尔也会有6片花瓣的变异株，雄蕊约有10数根，中央会有一根雌芯，拥有分叉状的柱头。

◆捕蝇草夏天会开出白色的花朵

除了花茎外，一般不会有向上生长的较高大的部分，正常的茎短小不易发觉，叶柄和叶子又几乎是贴地而生长。这是食虫植物的一种特征。因为除了捕食昆虫吸收其养分外，为了后代的延续也需要借助昆虫协助传粉，这也是属于所谓的虫媒花。所以必须使补充叶和花两个部分有所区分，可以说这是大自然给予它们的天然智慧。

地理分布

捕蝇草仅存于美国的南卡罗来纳州东南方的海岸平原及北卡罗来纳州的东北角。在原产地南卡罗莱纳州，捕蝇草生长在潮湿的沙质或泥炭的湿地或沼泽地，这些地区通常呈现草原的形态，只有零星的松树分布着，因此很开阔，能接受到大量的日照。这里的气候温暖而潮湿，在夏季，白天炎热，晚上也还能保持温暖，冬季则很冷，但并不至于冷到经常降雪。

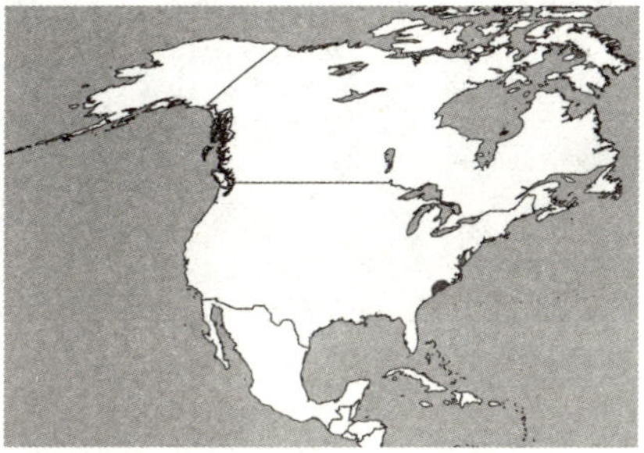
◆捕蝇草的地理分布

然而，在原产地的捕蝇草在生存上却受到人类活动的威胁。人口快速增加因而剥夺捕蝇草的生存空间，而且因为人为干预自然野火的发生，使得这些地区开始长出一些小型灌木，从而遮蔽了捕蝇草的阳光。因此，捕蝇草被试着引入其他地区进行复育，如新泽西州和加州。不过，在佛罗里达州已顺利归化而成为很大的族群。

神奇的捕虫机制

◆昆虫误入捕虫夹

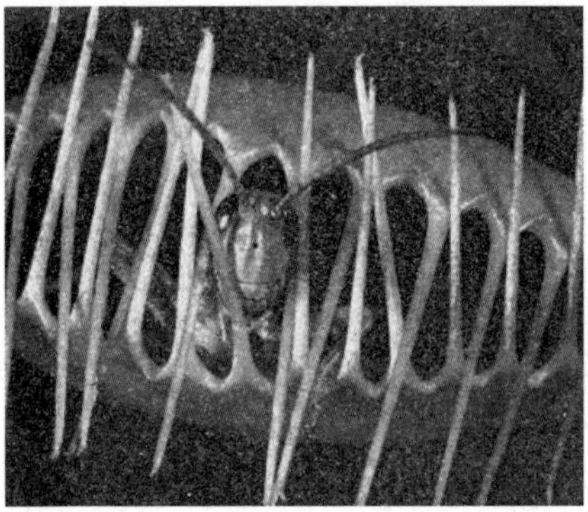

◆捕蝇草成功捕获一只昆虫

捕蝇草的捕虫过程大概是所有食虫植物之中最为奇特的，捕虫机制最为复杂。捕蝇草的捕食构造是由一左一右对称的叶片所形成的夹子，这个夹子状的构造是由叶子进化而来的，至于连接捕虫器叶片状的构造是叶柄。捕虫夹上的外缘排列着刺状的毛，乍看之下很锐利，会刺人，但其实这些毛很软。这些毛的功能是用来防止被捕的昆虫逃脱。当捕虫夹夹到昆虫时，这些夹子两端的毛正好交错而成为一个牢笼，使虫无法逃走。捕虫夹内侧呈现红色，仔细观察会发现上面覆满许多微小的红点，这些红点就是捕蝇草的消化腺体。在捕虫夹内侧可见到三对细毛，这细毛便是捕蝇草的感觉毛，用来侦测昆虫是否走到适合捕捉的位置。大多数的捕虫器只带有三对感觉毛，但也可能产生多出一根到数根感觉毛的捕虫器。

捕虫夹的闭合是一个精确的控制过程，此过程最初是在昆虫碰到位于夹子上的感觉毛时开始的。引起闭合的条件为一个捕虫器中任意一根感觉毛被触碰到两次，或是分别触碰到两根感觉毛。触碰感觉毛的时间间隔对于闭合有决定性的影响：假如两次的触碰间隔在20～30秒内则能闭合，超过这段时间则需要有第三次成功的刺激才会闭合。捕虫器需要两次的刺激，为的是确认昆虫已经走到适当的位置。当捕虫器受到第一次的刺激时，此时昆虫只是稍微走入捕虫器；若捕虫器现在就闭起来，只不过夹住昆虫的一部分，那么昆虫能够逃脱的机会便很大。当捕虫器受到第二次的刺激时，此时昆虫差不多也走到捕虫器的里面，这时闭合的捕虫器便能将昆虫确实地抓住，关在捕虫器之中。

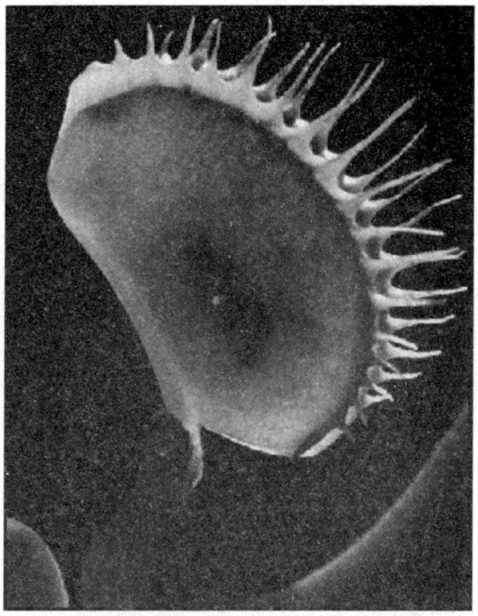
◆昆虫慢慢被消化

捕虫的信号并非直接由感觉毛所提供，在感觉毛的基部有一个膨大的部分，里面含有一群感觉细胞。感觉毛的作用有如杠杆，昆虫推动了感觉毛，使得感觉毛压迫感觉细胞，感觉细胞便会发出一股微弱的电流，去通告捕虫器上所有的细胞。由于电流会四散传向整个捕虫夹，所以引发闭合并不需要触碰同一根感觉毛，只要在同一捕虫夹中任两根感觉毛发出电流，便能引发闭合运动。当然，感觉毛所发出的电流仅影响其所在的捕虫夹，不会干扰到同一植株上其他捕虫夹的动作。

在受到刺激之前，捕虫夹呈 60°角张开着，当受到昆虫刺激时，捕虫夹以其叶脉为轴而闭合。捕虫夹的闭合与捕虫夹上的细胞膨胀有关。当捕虫夹上的细胞得到感觉细胞所发出的电流，其外侧的细胞便快速膨胀，使得捕虫器向内弯，因而闭合。

你知道吗——捕蝇草捕虫夹的闭合是一个非常精妙的过程！

闭合的过程分为两个阶段：第一阶段，夹子快速关闭，以便捕到昆虫，此时捕虫夹只是夹住昆虫而已；第二阶段，捕虫夹向内收缩，以便使捕虫夹的内侧能够尽量贴近昆虫，这时捕虫器已经完全紧闭，不留一点缝隙。之后，夹子关闭数天到十数天，此时昆虫被分布于捕虫器上的腺体所分泌的消化液消化。昆虫被消化完后，捕虫器会再度打开，等待下一个猎物；剩下无法被消化掉的昆虫外壳，便被风雨所带走。

闭合过程的第二阶段须要昆虫的挣扎才能进行，因为这样才代表捕虫器所捉到的确实是昆虫，是活的猎物。捕蝇草有时会误捉到枯枝、落叶，如果少了这项确认机制，必然会将养分浪费在消化无法消化掉的杂物上。若捕虫器误捉到杂物，只要没有持续的刺激，在数小时之后便会重新打开捕虫器，等待下一个猎物。

美丽的陷阱——猪笼草

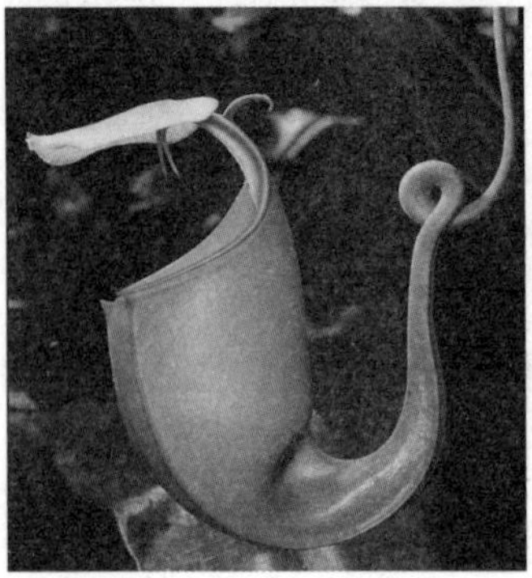
◆猪笼草

猪笼草是有名的热带食虫植物，主产地是热带亚洲地区。猪笼草拥有一副独特的吸取营养的器官——捕虫囊，捕虫囊呈圆筒形，下半部稍膨大，因为形状像猪笼，故称猪笼草。在中国的产地海南又被称作雷公壶，意指它像酒壶。这类不从土壤等无机界直接摄取和制造维持生命所需营养物质，而依靠捕捉昆虫等小动物来谋生的植物，被称为食虫植物。

特异的外形特征

茎株：猪笼草在自然界常常平卧生长，茎株一般不超过 1 米，但不同的品种也有超过 3 米的。

叶：互生，叶片呈长椭圆形，长 10～25 厘米，宽 4～8 厘米。叶的构造复杂，分叶柄，叶身和卷须，叶片的顶端连接着向下弯曲的卷须，卷须尾部扩大并反卷形成瓶状，即为捕虫囊。

捕虫囊：猪笼草的捕虫囊长 12～16 厘米，宽 2～4 厘米，笼色以绿色为主，有褐色或红色的斑点和条纹顶端有囊盖。囊盖卵圆形或椭圆状卵形，长 2.5～3.5 厘米。捕虫囊小的时候，囊盖是密封的，成长时囊盖

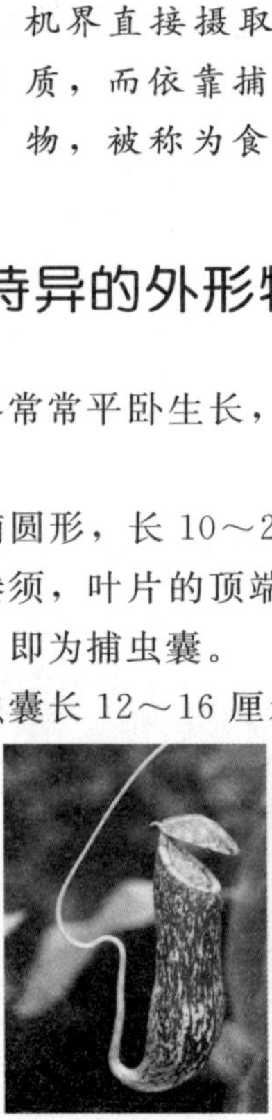

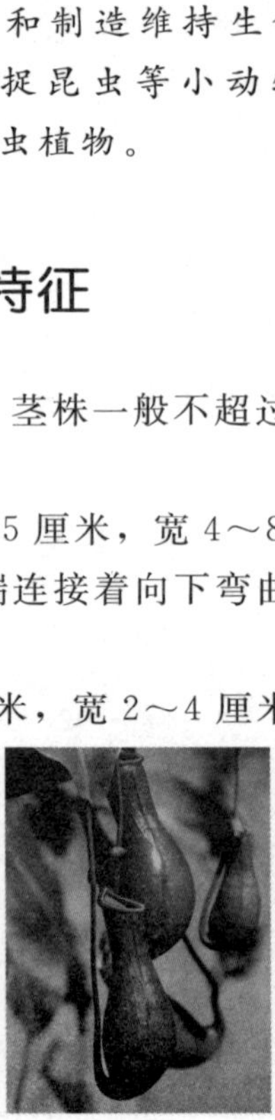

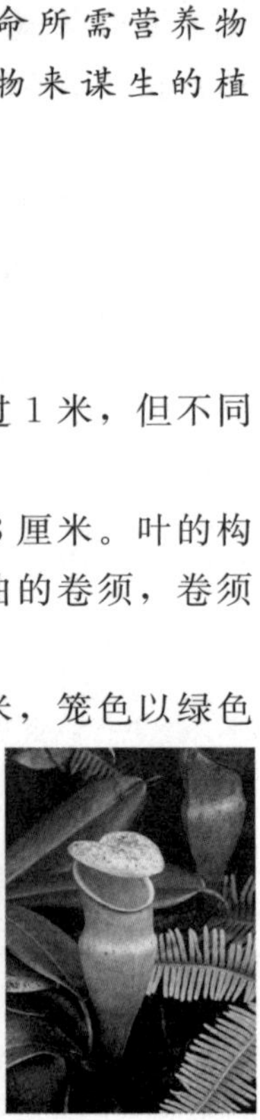

才打开，只有一处与囊口相接。而且打开后不再随意闭合。

花：猪笼草的花为单性雌雄异株，总状花序，花色为红色或紫红，有片而无花瓣。

雄花：雄花有 4 枚萼片，呈椭圆形或长圆形，长 5～7 厘米，雄蕊的花丝合生成管状，花药集生成圆球形。

雌花：雌花的萼片较小，雌蕊呈椭圆形，黑色，密生浓毛，猪笼草果实成熟时，开裂为 4 个果瓣，深褐色，长 1.5～3 厘米，内面有很多丝状的种子。

知识广播

猪笼草——一种濒危的植物

根据由各缔约国签订的《濒危野生动植物种国际贸易公约》，猪笼草属于附录Ⅱ中受保护的植物。因此，公约上规定猪笼草是可以贸易，但必须先获得公约许可证。

生长环境与引种

猪笼草是种植物，种类繁多，全世界有百种左右。大多数生长在印度洋群岛、马达加斯加、斯里兰卡、印度尼西亚等潮湿热带森林里，中国海南、广东、云南等省也有这种植物。喜温暖、湿润和半阴环境。不耐寒，怕干燥和强光。生长适温为 25℃～30℃，3 月～9 月为 21℃～30℃，9 月至翌年 3 月为 18℃～24℃。冬季温度须不低于 16℃，15℃以下植株停止生长，10℃以下温度，叶片边缘遭受冻害。

◆猪笼草

猪笼草原产东南亚和澳大利亚的热带地区。1789 年引种到英国，然后在欧洲主要植物园内栽培观赏。1882 年育成了第一种猪笼草——绯红猪笼草。1911 年又选育了库氏猪笼草。到了 20 世纪中叶，猪笼草的育种、繁殖和生产开始产业化，并进入家庭观赏。

独到的捕食方法

猪笼草的捕虫囊内有蜜腺能分泌蜜汁引诱昆虫，昆虫进入捕虫囊后，囊盖并不像人们想象的那样合上，但是捕虫囊的囊口内侧囊壁很光滑，所以能防止昆虫爬出。囊中经常有半囊水。水过多时，卷须无法承重还会自动倾斜倒去一部分水。因为如果囊内盛满水，昆虫掉在水里后就容易逃出。捕虫囊下半部的内侧囊壁稍厚，并有很多消化腺，这些腺体泌出稍带黏性的消化液储存在囊底。消化液呈酸性，具有消化昆虫的能力。事实上囊盖一定是打开的，囊盖的主要用途是引诱昆虫，因为囊盖的内壁也有很多蜜腺。掉进囊内的昆虫多数是蚂蚁，也有一些会飞的昆虫如野蝇和蚊等。

天下奇闻

一、“植物厕所”

在印尼热带雨林中生活的树鼩把猪笼草当成自己的“厕所”。树鼩在猪笼草上“施肥”，树鼩舔食猪笼草叶瓣上的花蜜，同时将食物通过消化系统排在猪笼草水壶状陷阱中。

据研究，猪笼草从树鼩粪便中可获得了57%～100%的氮，以供生长所需。

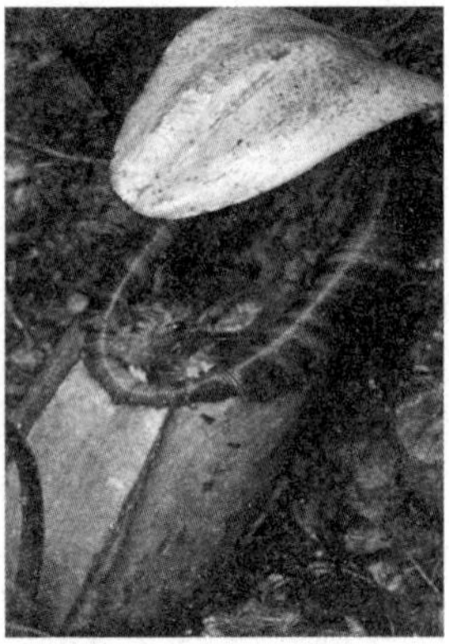

◆吃老鼠的猪笼草

二、吃老鼠的猪笼草

据《每日邮报》报道，英国一个研究小组2007年在菲律宾发现了一种巨大的肉食植物，这种植物属于猪笼草的一个新品种，可以将老鼠这样的啮齿类动物整个吞食。

◆树鼩上“厕所”

有滋有味

——食用植物

蔬菜和水果是我们每天必食之物。它们给人体提供了丰富的维生素、纤维素和糖类等营养物质，给我们的健康提供了充分的保障。

各种蔬菜和水果的营养成分和营养价值各不相同。例如：苹果被称为长寿之果，因含有大量的纤维素，可以加快肠道蠕动，加快吸收；而常吃的调料——姜，别看它小，但是它发挥的作用却很大，可通络活血，驱寒气，等等；芝麻和核桃，蛋白质含量高，是补脑的佳品，等等。关于食用植物，你如果想有更多的了解，就仔细阅读本章吧！

让你兴奋起来——咖啡

咖啡深受现代人的喜欢，清晨起来，一杯咖啡可以唤醒沉睡一晚的身体；朋友小聚，点一杯咖啡慢慢搅动，可以让身心放松在弥漫咖啡香气的空气里。咖啡与茶、可可并称为世界三大饮料。日常饮用的咖啡是用咖啡豆配合各种不同的烹煮器具制作出来的，而咖啡豆就是指咖啡树果实内之果仁，再用适当的烘焙方法烘焙而成。

◆挂满咖啡果的树枝

形态特征

咖啡又叫咖啡树、阿拉伯咖啡等，是也门的国花。在公元 6 世纪前，也门一直被称为阿拉伯，因而从他们运至其他地方的咖啡树，也被称为阿拉伯咖啡树。咖啡这个名称则是源自于阿拉伯语“Qahwah”，即植物饮料的意思。后来咖啡流传到世界各地，就采用其来源地“Kaffa”命名，直到 18 世纪才正式以“coffee”命名。

◆咖啡花呈五角形

◆咖啡花的花序

咖啡在植物分类学中是茜草科常绿灌木。侧枝水平伸展，对生，偶有三枝轮生者；单叶对生，花是2～10朵丛生于叶腋，果实是核果椭圆形，初果为深绿色，成熟时黄红色或紫红色，咖啡的果实是由外皮、果肉、内果皮、银皮，和被上述几层包在最里面的种子（咖啡豆）所形成，种子位于果实中心部分，种子以外的部分几乎没有什么利用价值。

知识库——咖啡的历史

世界上第一株咖啡树是在非洲之角发现的。咖啡的种植始于15世纪。几百年的时间里，阿拉伯半岛的也门是世界上唯一的咖啡出产地，市场对咖啡的需求非常旺盛。在也门的摩卡港，当咖啡被装船外运时，往往需用重兵保护。同时，也门也采取种种措施来杜绝咖啡树苗被携带出境。尽管有许多限制，来圣城麦加朝圣的穆斯林香客还是偷偷地将咖啡树苗带回了自己的家乡，因此，咖啡很快就在印度落地生根。当时，意大利的威尼斯有无数的商船队与来自阿拉伯的商人进行香水、茶叶和纺织品交易，于是咖啡也就通过威尼斯传播到了欧洲的广大地区。许多欧洲商人也就渐渐习惯饮用咖啡这种饮料了。后来，在许多欧洲城市的街头，出现了兜售咖啡的小商贩，咖啡在欧洲得到了迅速普及。17世纪，荷兰人将咖啡引到了自己的殖民地印度尼西亚。与此同时，法国人也开始在非洲种植咖啡。时至今日，咖啡成了地球上仅次于石油的第二大交易品！

西方人都熟知咖啡有三百年的历史，然而在东方，咖啡在更久远的年代已作为一种饮料在社会各阶层普及。咖啡出现的最早且最确切的时间是公元前8世纪，但是早在荷马的作品（希腊诗人，生卒年有争论，一较权威说法是生于公元前744年）和许多古老的阿拉伯传奇里，就已记述了一种神奇的、色黑、味苦涩且具有强烈刺激力量的饮料。

小知识

黑咖啡的功效

黑咖啡是最健康的咖啡，一杯100克的黑咖啡只有2.55千卡的热量，所以餐后喝杯黑咖啡，就能有效地分解脂肪。黑咖啡还可以促进心血管的血液循环。对女性来说，黑咖啡还有美容的作用，经常饮用，能使你容光焕发，光彩照人。

咖啡豆的品种

蓝山是较受一般大众欢迎的咖啡，产于中美洲牙买加、西印度群岛，拥有香醇、苦中略带甘甜、柔润顺口的特性，而且稍微带有酸味，能让味觉感官更为灵敏，品尝出其独特的滋味，为咖啡之极品。

摩卡产于伊索比亚，此品种的豆子较小而香气甚浓，拥有独特的酸味和柑橘的清香气息，更为芳香迷人，而且甘醇中带有令人陶醉的丰润余味，独特的香气以及柔和的酸、甘味。

拿铁是意大利浓缩咖啡加入高浓度的热牛奶与泡沫鲜奶，保留淡淡的咖啡香气与甘味，散发浓郁迷人的鲜奶香，入口滑润而顺畅，是许多女生的最爱。

◆产自美洲的蓝山咖啡豆

◆摩卡咖啡豆

链接——喝咖啡的好处

◆香浓的咖啡

1. 咖啡含有一定的营养成分。咖啡的烟碱酸含有维生素B，烘焙后的咖啡豆含量更高，并且能游离脂肪酸、咖啡因、单宁酸等。

2. 咖啡对皮肤有益处。咖啡可以促进代谢机能，活络消化器官，对便秘有很大功效。使用咖啡粉洗澡是一种温热疗法，有减肥的作用。

3. 咖啡有解酒的功能。酒后喝咖啡，将使由酒精转变而来的乙醛快速氧化，分解成水和二氧化碳而排出体外。

4. 咖啡可以消除疲劳。要消除疲劳，必须补充营养、改善休息与睡眠的质量、促进代谢功能，而咖啡则具有这些功能。

5. 一日三杯咖啡可预防胆结石。对于含咖啡因的咖啡，能刺激胆囊收缩，并减少胆汁内容易形成胆结石的胆固醇。美国哈佛大学研究人员最新发现，每天喝两到三杯咖啡的男性，得胆结石的概率比不喝的人要低40%。

6. 常喝咖啡可防止放射线伤害。放射线伤害尤其是电器的辐射已成为目前较突出的一种污染。印度笆巴原子研究人员在老鼠实验中得到这一结论，并表示可以应用到人类。

7. 咖啡有保健医疗功能。咖啡具有抗氧化及护心、强筋骨、利腰膝、开胃促食、消脂消积、利窍除湿、活血化瘀、息风止痉等作用。

8. 咖啡对情绪的影响力。实验表明，一般人一天吸收300毫克（约3杯煮泡咖啡）的咖啡因，对一个人的机警和情绪会带来良好的影响。

历史典故

咖啡的发现

传说有一位牧羊人在牧羊的时候，偶然发现他的羊蹦蹦跳跳地手舞足蹈，牧羊人仔细一看，原来羊是吃了一种红色的果子才导致举止滑稽怪异。他试着采了一些这种红果子回去熬煮，没想到满室芳香，熬成的汁液喝下以后更是精神振奋，神清气爽。从此，这种果实就被作为一种提神醒脑的饮料，且颇受好评。

茗香满天下——茶

◆茶树园

茶对英国人而言是健康之液、灵魂之饮。在我国被誉为“国饮”。大量现代科学研究证实，茶叶确实含有与人体健康密切相关的生化成分，茶叶不仅具有提神清心、清热解暑、消食化痰、去腻减肥、清心除烦、解毒醒酒、生津止渴、降火明目、止痢除湿等药理作用，还对现代疾病如辐射病、心脑血管病、癌症等疾病，有一定的药理功效。可见，茶叶药理功效之多，作用之广，是其他饮料无可替代的。茶叶具有药理作用的主要成分是茶多酚、咖啡碱、脂多糖等。

茶树的形态特征

茶属于山茶科，为常绿灌木或小乔木植物，植株高达 1～6 米。栽培茶树往往通过修剪来抑制纵向生长，所以树高多在 0.8～1.2 米间。茶树喜欢湿润的气候，在我国长江流域以南地区有广泛栽培。

◆茶苗

茶树的叶子呈椭圆形，边缘有锯齿，叶间开五瓣白花，果实扁圆，呈三角形，果实开裂后露出种子。茶树叶子制成茶叶，泡水后饮用，有强心、利尿的功效。茶树种植 3 年就可以采叶子。一般清明前后采摘长出 4～5 个叶的嫩芽，用这种嫩芽制作的茶叶

◆普洱茶树

质量非常好，属于茶中的珍品。春、秋季时，可采茶树的嫩叶制茶，种子可以榨油，茶树材质细密，其木可用于雕刻。

热带地区也有乔木型茶树，高达 15～30 米，基部树围 1.5 米以上，树龄可达数百年至上千年。茶树经济学树龄一般在 50～60 年间。

茶树的功能

茶树的气味为新鲜的气味，清中带辣，明显的消毒气味，因分子极轻故前味强劲，其中的主成分“胺树酚”能溶解黏液，帮助茶树的消毒渗透力，对呼吸道的感染更具疗效，但也是刺鼻气味的原因之一。

你知道吗？

直到第二次世界大战前，茶树都有重要的消毒杀菌功能，后因抗生素的发明，人们喜欢像抗生素这种立即有效的消炎杀菌配方，因此茶树也被冷落了一阵。现在人们发现病菌的反扑，会因人类使用抗生素而产生抗药性，因此进化为更强更难消灭的超级病菌，而抗生素与化学药物也会对人体有许多副作用，这时茶树与各种大自然的配方才又重新受到重视。

茶树的历史

茶树是一种很古老的双子叶植物，与人们的生活密切相关。根据找到的大量实物证据和文史资料，世界上其他地方饮茶的习惯都是从中国传过去的。在欧洲，可笑的英国人说饮茶的习惯不是中国人发明的，而是印度。1823 年，一支英国侵略军的少校在印度发现了所谓的野生的大茶树，

◆出土 6000 年前古茶树的田螺山遗址

从而有人开始认为茶的发源地在印度。但有人指出，这些茶树种其实是英国人从中国偷过去栽种的，而且在几千年的茶历史中，在印度从未发现过有野生茶树，也没有人在当地制茶，怎么这么巧，侵略东南亚的英国人一来就有野生茶树了。而且他们都犯了一个最基本的逻辑错误，包括茶树植物在内的其他植物是一直都存在着的，甚至比人类的历史都要长，不能说哪里有茶树，哪里就是制茶、饮茶的发源地。人类制茶、饮茶的最早记录都在中国，最早的茶叶成品实物也在中国。根据可靠的考古发现，中国才是饮茶的真正发源地。中国当然也有野生大茶树，而且年代更为久远。在浙江余姚田螺山遗址就出土了 6000 年前的古茶树，按照英国人的逻辑，浙江的发源地身份就更加可信了。现在中国的野生大茶树集中在云南等地，其中也包含了甘肃、湖南的个别地区。

链 接

中国是世界上最早种茶、制茶、饮茶的国家，茶树的栽培已有几千年的历史。在云南普洱县有棵“茶树王”，高 13 米，树冠 32 米，已有 1700 年的历史，是现存最古老的茶树。唐朝陆羽所著的《茶经》，是世界第一部关于茶的科学专著，他被人们称为世界第一位茶叶专家。

小知识——名茶介绍

1. 杭州西湖龙井，居中国名茶之冠。
2. 江苏苏州洞庭碧螺春，位居第二，中国著名绿茶之一。
3. 太平黄山毛峰，产于安徽省太平县以南，歙县以北的黄山。

◆西湖龙井

◆六安瓜片

4. 安溪铁观音，属青茶类，是我国著名乌龙茶之一。

5. 岳阳君山银针，我国著名黄茶之一。

6. 普洱茶，是在云南大叶茶基础上培育出的一个新茶种。

7. 庐山云雾，中国著名绿茶之一。

8. 信阳毛尖，中国名茶之一。

9. 安徽祁门祁红，在红遍全球的红茶中，祁红独树一帜，百年不衰，以其高香形秀著称。

10. 六安瓜片，是著名绿茶，也是名茶中唯一以单片嫩叶炒制而成的产品，堪称一绝。

喝茶的好处

◆典雅的茶具

茶的最早发现与利用，是从药用开始的。“神农尝百草，日遇七十二毒，得茶而解之。”晋张华《博物志》也同样有“饮真茶，令人少眠”的说法。陶弘景《杂录》中所说“茗茶轻身换骨，昔丹丘子黄君服之”。其实对丹丘子饮茶的记载，还有早于此的汉代的《神异记》：“余姚人虞洪，入山采茗。遇一道士，牵三青牛，引洪至瀑布山，曰：‘予丹丘子也。闻子善具饮，常思见惠。山中有大茗，可以相给，祈子他日有瓯栖之余，乞相遗也。’因立奠祀。后常令家人入山，获大茗焉。”丹丘子为汉代“仙人”茶文化中最早的一个道家人物，历史上的余姚瀑布山为产茶名山。因此“大茗”与“仙茗”的记载亦完全一致。这几则记录中的“茶”与“茗”，也就是今天的茶。更让我们感到惊讶的是，晋代郭璞在注解《尔雅》时即解说：“（茶）树小如栀子，冬生叶，一名荈，蜀人名之苦茶”。此中所谓“蜀人”之记载，即可视为饮茶习俗在古巴蜀的最早萌芽。还有西汉壶居士在《食忌》中所说：“苦茶，久食羽化。”都说明茶开始时是和药联系起来被利用的。

你知道吗？

茶叶中的成分

茶叶中所含的成分很多，将近500种，主要有咖啡碱、茶碱、可可碱、胆碱、黄嘌呤、黄酮类及甙类化合物、茶鞣质、儿茶素、萜烯类、酚类、醇类、醛类、酸类、酯类、芳香油化合物、碳水化合物、多种维生素、蛋白质和氨基酸。

广角镜——国外饮茶

全世界有一百多个国家和地区的居民都喜爱品茗。有的地方把品茗作为一种艺术享受来推广。各国的饮茶方法相似，各有千秋。

斯里兰卡：斯里兰卡的居民酷爱喝浓茶，茶叶又苦又涩，他们却觉得津津有味。该国红茶畅销世界各地，在首都科伦坡有经销茶叶的大商行，设有试茶部，由专家凭舌试味，再核等级和价格。

英国：英国各阶层人士都喜爱饮料。茶，几乎可称为英国的民族饮料。他们喜爱现煮的浓茶，并放一二块糖，加少许冷牛奶。

泰国：泰国人喜爱在茶水里加冰，一下子就冷却了，甚至冰冻了，这就是冰茶。在泰国，当地茶客不饮热茶，要饮热茶的通常是外来的客人。

蒙古：蒙古人喜爱砖茶。他们把砖茶放在木臼中捣成粉末，加水放在锅中煮

◆蒙古人爱喝的砖茶

◆英国红茶

开，然后加上一些盐巴，还加牛奶和羊奶。

新西兰：新西兰人把喝茶作为人生最大的享受之一。许多机关、学校、厂矿等还特别定出饮茶时间。各乡镇茶叶店和茶馆比比皆是。

马里：马里人喜爱饭后喝茶。他们把茶叶和水放入茶壶里，然后炖在泥炉上煮开。茶煮沸后加上糖，每人斟一杯。他们的煮茶方法不同一般：每天起床，就以锡罐烧水，投入茶叶，任其煎煮，直到同时煮的腌肉烧熟，再同时吃肉喝茶。

加拿大：加拿大人泡茶方法较特别，先将陶壶烫热，放一茶匙茶叶，然后以沸水注于其上，浸七八分钟，再将茶叶倾入另一热壶供饮，通常加入乳酪与糖。

俄罗斯：俄罗斯人泡茶，每杯常加柠檬一片，也有用果浆代柠檬的。在冬季则有时加入甜酒，预防感冒。

清新活力有朝气——柠檬

◆柠檬

柠檬，芸香科植物黎檬或者柠檬的果实。因其味极酸，肝虚孕妇最喜食，故称益母果或益母子。柠檬中含有丰富的柠檬酸，因此被誉为“柠檬酸仓库”。它的果实汁多肉脆，有浓郁的芳香气息。因为味道极酸，故只能作为上等调味料，用来调制饮料菜肴、化妆品和药品。

清新香甜带有新鲜又强劲的轻快干净的香气，是柑橘类里面解毒、除臭功效最好的一种，也是许多香水工业常拿来当作定香剂的一种很好的香味来源。

柠檬的形态特征

柠檬属芸香科柑橘属常绿小乔木。树姿较开张，小枝多针刺，嫩梢常呈紫红色。叶柄短，翼叶不明显。花白色带紫，略有香味，单生或3～6朵成总状花序。柑果黄色有光泽，椭圆形或倒卵形，顶部有乳头状突起，油胞大而明显凹入，皮不易剥离，味酸，瓤瓣8～12，不易分离。种子卵圆形，多为单胚。

◆柠檬树

柠檬原产中国喜马拉雅山麓，目前地中海沿岸、东南亚和美洲等地都有分布，我国四川、台湾、福建、云南、广

◆柠檬花

西等地也有栽培。其中四川安岳种植面积较大，占全国80%以上。柠檬的嫩叶和花都带紫红色，果长圆形或卵圆形，大小如鸡蛋，淡黄色，表面粗糙，顶端呈乳头状，果皮较厚，芳香浓郁，果汁较酸，但可配制饮料，还可提炼成香料。美国和意大利是柠檬的著名产地，而法国则是世界上食用柠檬最多的国家。

柠檬的生长栽培

柠檬是柑橘类中最不耐寒的种类之一，适宜于冬季较暖、夏季不酷热、气温较平稳的地方。扦插繁殖极易成活，但生产上多采用嫁接，以根系强大的粗柠檬（柠檬的一种杂种）为砧木，适宜栽培于温暖而土层深厚、排水良好的缓坡地。周年开花，每年集中开放3～4次。果实富含维生素C和柠檬酸。果皮油胞中有具特殊香味的柠檬油，还含维生素P。成长充分后不待黄熟即采收，然后用乙烯行催熟处理，使果皮变黄。耐贮运，除鲜食外可制各种饮料和提取柠檬油等。中国栽培较少，北方有一种“北京柠檬”，果顶部无乳头状突起，酸味不强，有芳香，仅盆栽供观赏。

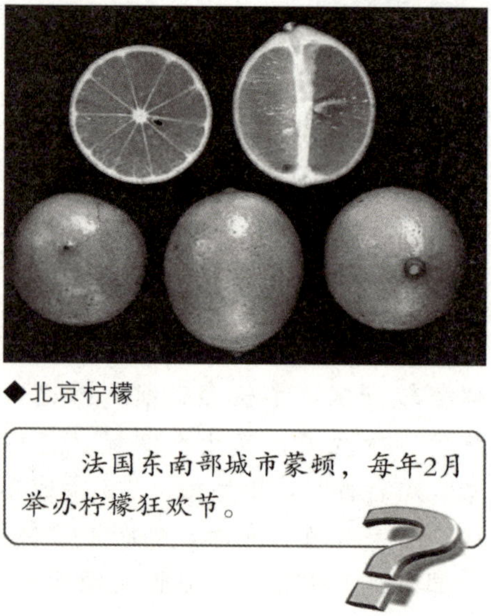

◆北京柠檬

法国东南部城市蒙顿，每年2月举办柠檬狂欢节。

柠檬的历史

◆喝柠檬水能治坏血病

15 世纪时，欧洲的冒险家们为了追求香料和黄金，纷纷乘帆船横渡海洋去争夺殖民地。可是在航行途中，海员们常常被一种瘟神似的坏血病侵袭，丧失了成千上万条生命。

1593 年，英国死于坏血病的海员有 10000 多人，西班牙、葡萄牙等国的水手则有五分之四死于坏血病。在这些事件的前后，却发生了另一种奇迹。1593 年，一些法国探险者在加拿大过冬，他们当中有 110 人患了坏血病，当地的印第安人告诉他们喝松叶浸泡的水。在绝望中，病员们喝了这种水，居然得救了。1772 年到 1775 年，英国的库克船长率领船只作第二次远航时，在横渡太平洋的探险中，历时 3 年，118 名船员中只死了 1 人，原来库克船长命令船员经常吃泡菜，使船员免受了坏血病之灾。

对坏血病的治疗研究，最早始于英国医生林德。18 世纪中叶，他试用新鲜蔬菜、水果和药物等，对患坏血病的水手进行医疗试验。有一次，他在治疗英国“航海五号”船上水手的坏血病时，挑选出一些水手分成 6 组，采用不同的方法进行治疗，如不同的食品、药物和理疗方法等等。结果出乎意料的是，服药的病员竟毫无起色，相反的，食用柠檬一组病员却像服了“仙丹”那样，病魔顿除，很快恢复了健康。

事隔 40 多年，英国海军采用这种方法，规定水兵入海期间，每人每天要饮用定量的柠檬叶子水。只过了两年，英国海军中的坏血病就绝迹了。英国人由此常用“柠檬人”这个有趣的雅号，来称呼自己的水兵和水手。

知识百科

柠檬抵抗坏血病

人们首先想到的是，这些食物中必含有维持生命的某种必需物质——维生素。20 世纪初，人们推测坏血病是一种维生素缺乏症。到了 20 世纪 30 年代，人们终于从肾上腺皮质、包心菜、柠檬汁中分离出“己糖醛酸”，弄清了它的化学结构，并确定它是抗坏血酸（即维生素 C）的要素，因此人们称它为“神秘的药果”。

柠檬的药用价值

◆柠檬果汁

柠檬是世界上最有药用价值的水果之一，它富含维生素 C、柠檬酸、苹果酸、高量钾元素和低量钠元素等，对人体十分有益。维生素 C 能维持人体各种组织和细胞间质的生成，并保持它们正常的生理机能。人体内的母质、黏合和成胶质等，都需要维生素 C 来保护。当维生素 C 缺少了，细胞之间的间质——胶状物也就跟着变少。于是细胞组织就会变脆，失去抵抗外力的能力，人体就容易出现坏血症；它还有更多用途，如预防感冒、刺激造血和抗癌等作用。

柠檬果汁是一种鲜美爽口的饮料，其制作十分简单方便，直接用鲜果压榨出果汁，再配以糖、冰块、冰水，搅拌后即可饮用。那淡淡的酸甜、幽幽的清香沁人心脾，令人神清气爽，唇齿留香。目前，柠檬果汁已被世界各地的人们所接受。

你知道吗？

柠檬因为微酸的甘甜，很少有人直接吃，但它与生俱来的酸性，却是很好的抗菌解毒剂，我们在吃海鲜烧烤类食物时，经常旁边都会附上一片柠檬，而用柠檬汁洒过之后的海鲜香味四溢，原本肉质的腥味完全不见了。这也是柠檬酸可以将含氨的腥味进行转化的原因。

柠檬的食疗作用

◆冰凉一夏

开胃果：柠檬生津解暑开胃，别看柠檬食之味酸、微苦，不能像其他水果一样生吃鲜食，但柠檬果皮富含芳香挥发成分，可以生津解暑，开胃醒脾。夏季暑湿较重，很多人神疲力乏，长时间工作或学习之后往往胃口不佳，喝一杯柠檬泡水，清新酸爽的味道让人精神一振，更可以打开胃口。

降压果：预防心血管疾病，柠檬富含维生素C和维生素P，能增强血管弹性和韧性，可预防和治疗高血压和心肌梗塞。近年来国外研究还发现，青柠檬中含有一种近似胰岛素的成分，可以使异常的血糖值降低。

化痰果：常吃柠檬清热化痰。

消炎果：具有抗菌消炎功效，柠檬富含维生素C，对人体发挥的作用犹如天然抗生素，具有抗菌消炎、增强人体免疫力等多种功效，平时可多喝热柠檬水来保养身体。

美容果：延缓衰老，抑制色素沉着，柠檬中含有维生素B_1、维生素B_2、维生素C等多种营养成分，还含有丰富的有机酸、柠檬酸。柠檬是高度碱性食品，具有很强的抗氧化作用，对促进肌肤的新陈代谢、延缓衰老及抑制色素沉着等十分有效。

熟悉又陌生的植物——姜

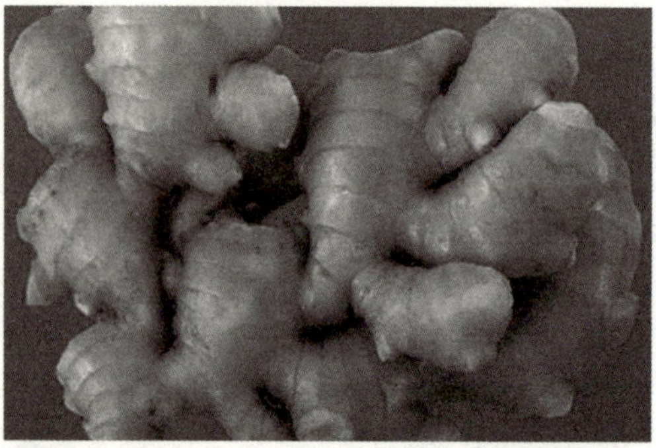
◆姜

许慎认为姜是抵御寒湿的菜，王安石认为姜能抵御一切邪秽的东西，因此叫作姜。刚长出来的嫩姜因为尖部有微微的紫色，所以叫作紫姜，或叫作子姜。相对应的，它的根，就叫作母姜。

姜是日常生活中用到的最普通的调味品之一，我们每顿饭都离不开它。但是它对于我们来说又是陌生的，下面让我们一起来认识一下我们熟悉而又陌生的植物——姜。

姜的形态特征

◆姜花

姜为姜科植物多年生草本，株高80～100厘米，全株有芳香和辛辣味。根状茎肉质，肥厚扁平，横走并分歧，表面淡黄色。茎丛生，肉质。叶子列，披针形至条状披针形，长15～30厘米，宽约2厘米，先端渐尖基部渐狭，平滑无毛，有抱茎的叶鞘，无柄。叶二列互生，叶柄、叶舌、中鞘均被长柔毛，叶片被针形或长圆状披针形，先端渐尖，基部渐狭，下面被白色长柔毛。穗状花序，花冠管白色，唇瓣，近边缘及顶端紫红色。花茎直立，被以覆瓦状疏离的鳞片；穗状花序卵形至椭圆形，长约5厘米，宽约2.5厘米；苞片卵形，淡绿色；花稠密，长编印2.5厘米，先端锐尖；萼短筒状；花冠3裂，裂片披针形，黄色，唇瓣较短，长圆状倒卵形，呈淡紫色，有黄白色斑点，下部两面三刀侧各有小裂片；雄蕊1枚，挺出，子房下位；花柱丝状，淡紫色，柱头放射状。蒴果长圆形，长约2.5厘米。花期6～8月。

◆姜的叶子

姜的生长条件

姜原产于热带多雨的森林地区，要求阴湿而温暖的环境，生育期间的适宜温度为22℃～28℃，不耐寒，地上部分遇霜冻枯死，地下部分也不能忍耐0℃的低温。姜也不耐热，如温度过高，阳光直射，生长受阻，故在栽培上夏季应遮阴。姜对土壤湿度的要求严格，抗旱力不强，如长期干旱则茎叶枯萎，姜块不能膨大，但若雨水过多，田间排水不良，会引起姜块腐烂。姜对氮磷钾肥的要求：以钾需要最多，氮次之，磷最少。所需养分除由基肥供应外，还需要追肥，苗期以追施氮肥为主，姜块迅速膨大期要

◆姜适宜生长在温暖的沙土

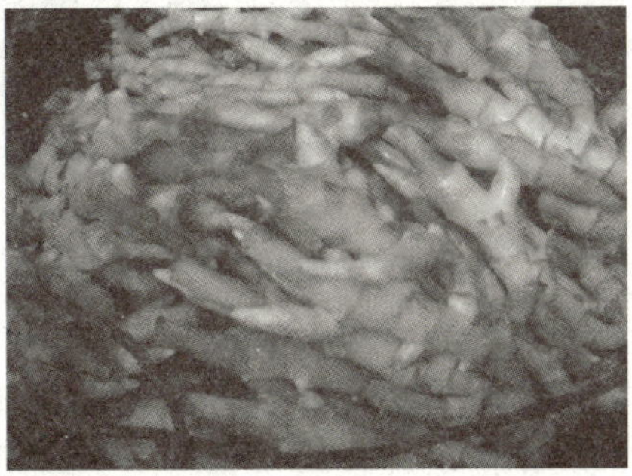
◆姜芽

补施有机肥或含氮、磷、钾三要素的复合肥。姜忌连作。在腐殖质多的壤土或黏壤土栽培，产量较高，但辛辣味淡，组织较嫩，适于收嫩姜供菜用。若栽培在腐殖质少的沙壤土，产量则较低，但辛辣味较浓，适于作种姜或制姜粉用。

功效用途

姜的营养成分

蛋白质、多种维生素、胡萝卜素、钙、铁、磷等。

姜适宜生长在沙土地中，4月份取母姜种下，5月就会长出像嫩芦苇的苗来，但叶子有辛辣味，是成对长的，很像竹叶，但比竹叶稍宽。秋分前后就会长出像排列的手指那样的新芽来，这就是最宜食用的子姜。秋分以后长的姜就差了一些，经过霜冻后就老了，不宜食用。生姜味辛性温，长于发散风寒、化痰止咳，又能温中止呕、解毒，临床上常用于治疗外感风寒及胃寒呕逆等症，前人称之为“呕家圣药”。姜炙法就是取生姜的这些特性，用姜汁这一辅料对药物进行炮制，来增强药物祛痰止咳、降逆止呕的作用，并降低其毒副作用。如竹茹生用长于清热化痰，姜炙后可增强其降逆止呕的功效；厚朴其味辛辣，对咽喉有刺激性，通过姜炙可消除其刺激咽喉的副作用，并能增强宽中和胃的功效。黄连姜炙后可缓和其过于苦寒之性，并善治胃热呕吐。

◆水培生姜盆景

干姜虽与生姜同出一物，但由于鲜干质量不同，其性能亦异。干姜性热，辛烈之性较强，长于温中回阳，兼能温肺化饮，临床上常用于治疗中焦虚寒、阳衰欲脱与寒饮犯肺喘咳等症。因此，用干姜制备的姜汁与生姜汁的性能也不一样。如用干姜制备的姜汁炮制药物，必将影响药物的炮制效果，达不到药物炮制的目的，就不能增强具有降逆止呕作用的药物的功效。

生姜妙用

将15克左右的生姜切碎，用纱布包裹置于枕边，闻其芳香气味，便可安然入睡。

生姜还具有解毒杀菌的作用，日常我们在吃松花蛋或鱼蟹等水产时，通常会放上一些姜末、姜汁。

人体在进行正常新陈代谢生理功能时，会产生一种有害物质——氧自由基，促使机体发生癌症和衰老。生姜中的姜辣素进入体内后，能产生一种抗氧化本酶，它有很强的对付氧自由基的本领，比维生素E还要强得多。所以，吃姜能抗衰老，长期食用有美容的效果，老年人常吃生姜可除“老年斑”。

生姜的提取物能刺激胃粘膜，引起血管运动中枢及交感神经的反射性兴奋，促进血液循环，振奋胃功能，达到健胃、止痛、发汗、解热的作用。姜的挥发油能增强胃液的分泌和肠壁的蠕动，从而帮助消化；生姜中分离出来的姜烯、姜酮的混合物有明显的止呕吐作用。

生姜提取液具有显著抑制皮肤真菌和杀灭阴道滴虫的功效，可治疗各种痈肿疮毒。

生姜有抑制癌细胞活性、降低癌的毒害作用，可以起到防癌的功效。

历史典故

宋代诗人苏轼在《东坡杂记》中记述杭州钱塘净慈寺80多岁的老和尚，面色童相，“自言服生姜40年，故不老云”。传说白娘子盗仙草救许仙，此仙草就是生姜芽。生姜还有个别名叫“还魂草”，而姜汤也叫“还魂汤”。

不辣不过瘾——辣椒

◆辣椒

俗话说“江西人不怕辣，湖南人辣不怕，四川人怕不辣”，说的是这三个地方的人都能吃辣。记得小时候看过一篇文章，说的是四川人在大夏天光着膀子吃火锅的情形，那副场景至今历历在目，酣畅淋漓，热气腾腾。如今川菜已风靡中国的各个角落，哪怕是不吃辣的人，也会被那片热烈的红所吸引，辣椒的魔力谁又能说得清呢？

辣椒的形态与起源

◆鸡心椒

辣椒原产于中南美洲热带地区，原产国是墨西哥。15世纪末，哥伦布发现美洲之后把辣椒带回欧洲，并由此传播到世界其他地方，于明代传入中国。清陈淏子之《花镜》有番椒的记载。今中国各地普遍栽培，成为一种大众化蔬菜。

辣椒是中轴胎座。辣椒为一年或多年生草本植物，叶子卵状披针形，花白色。果实大多像毛笔的笔尖，也有灯笼形、心脏形等，青色，成熟后变成红色，一般都有辣味，供食用。这种植物的果实，有的地区叫海椒。

小书屋

中国最辣的辣椒是云南景颇族地区出产的涮辣椒。据测定，它的辣度至少相当于朝天辣椒的10倍，只要把它在汤里涮几下，汤就染上辣味，一只涮辣椒可用很多次。

点击——最辣的辣椒

◆魔鬼椒

印度东北部山区盛产一种辣椒，由于奇辣无比，当地人称之为“魔鬼辣椒”。2007年2月，这种辣椒被吉尼斯世界纪录确认为全球最辣的辣椒。

“魔鬼辣椒”因辣成名。辣度超过100万“史高维尔”，被吉尼斯确认为世界上最辣的辣椒。“史高维尔”是辣椒的辣度单位，普遍被认为是最辣的墨西哥红辣椒辣度仅为1万“史高维尔”。除食用外，“魔鬼辣椒”在当地还常用来治疗胃病和消暑。

跻身吉尼斯世界纪录之后，“魔鬼辣椒”一夜成名，身价也迅速上升。

如今，当地人认识到“魔鬼辣椒”的价值，开始增加种植量，把致富希望寄托在这种手指大小的辣椒上。

辣椒的营养与美味

辣椒，又叫番椒、海椒、辣子、辣角、秦椒等，是一种茄科辣椒属植物。辣椒属为一年或多年生草本植物。果实通常为圆锥形或长圆形，未成熟时呈绿色，成熟后变成鲜红色、黄色或紫色，以红色最为常见。辣椒的果实因果皮含有辣椒素而有辣味，能增进食欲。辣椒中维生素 C 的含量在蔬菜中居第一位。

当辣椒的辣味刺激舌头、嘴的神经末梢，大脑会立即命令全身“戒备”：心跳加速、唾液或汗液分泌增加、肠胃加倍“工作”，同时释放出内啡肽。若再吃一口，脑部又会以为有痛苦袭来，释放出更多的内啡呔。持续不断释放出的内啡呔，会使人感到轻松兴奋，产生吃辣后的“快感”。吃辣椒上瘾的另一个因素是辣椒素的作用。当味觉感觉细胞接触到辣椒素后会更敏感，从而感觉食物的美味。

知识广播

其实，很多人都以为“辣”是人体通过味蕾直接尝到的，其实不然。科学家研究结果表明：“辣”，并不为人体本身所具备的感觉，这只属于人体的痛觉，就是说，你感受到的辣，就像你感受到的痛一样，只不过刺激的是你的味觉罢了。

广角镜——辣椒营养又防病

◆七星椒

以前人们会认为，经常吃辣椒可能刺激胃部，甚至引起胃溃疡。但事实刚好相反。辣椒素不但不会引起胃酸分泌的增加，反而会抑制胃酸的分泌，刺激碱性黏液的分泌，有助于预防和治疗胃溃疡。姜中的辣味物质姜辣素可以促进血液循环、使面色红润，还有增进食欲的作用；大蒜中的辛辣味物质大蒜素，具有降血压、降血脂、降血糖和抗癌的多重功效；洋葱的刺鼻的挥发性物质中二烯丙基二硫化物，具有消毒杀菌的功效，上述食物和辣椒交替着吃，就可从中“全面”获益。

医学界普遍认为，长久以来，红辣椒其实已被用于治疗咳嗽、感冒、鼻窦炎和支气管炎。

红辣椒中有种植物性化学物质称为“番辣椒素”，它能清除鼻塞。研究人员说，番辣椒素与一些药房出售的感冒药、咳嗽药很相似，而吃辣椒又比吃药物来得好，因为完全没有副作用。

专家也认为，辣椒除了可以使呼吸道畅通外，也可降低血液中的胆固醇。有实验显示，食用高剂量番辣椒素以及少量的饱和性脂肪酸，能减少低密度脂蛋白胆固醇。

◆甜椒

最好的缓解辣味的食物是牛奶，尤其是脱脂牛奶。虽然之前曾认为牛奶中的脂类可以更好地和辣椒素结合，而现在的研究发现，真正有效的成分是牛奶中的酪蛋白。

丰富的种类

1. 樱桃类辣椒，叶中等大小，圆形、卵圆或椭圆形，果小如樱桃，圆形或扁圆形，红、黄或微紫色，辣味甚强，制干辣椒或供观赏，如成都的扣子椒、五色椒等。

2. 圆锥椒类，植株矮，果实为圆锥形或圆筒形，多向上生长，味辣，如仓平的鸡心椒等。

◆牛角椒

3. 簇生椒类，叶狭长，果实簇生，向上生长，果色深红，果肉薄，辣味甚强，油分高，多作干辣椒栽培，晚熟，耐热，抗病毒力强，如贵州七星椒等。

4. 长椒类，株型矮小至高大，分枝性强，叶片较小或中等，果实一般下垂，为长角形，先端尖，微弯曲，似牛角、羊角、线形。果肉薄或厚。肉薄、辛辣味浓的，供干制、腌渍或制辣椒酱，如陕西的大角椒；肉厚的，辛辣味适中的供鲜食，如长沙牛角椒等。

5. 甜柿椒类，分枝性较弱，叶片和果实均较大。根据辣椒的生长分枝和结果习性，也可分为无限生长类型、有限生长类型和部分有限生长类型。

你知道吗？

1912年，美国的帕克戴维斯药厂的制药师斯维科尔发明了一种测定辣度的方法，即规定一个辣度单位等于要用100万滴清水可冲淡至无味的辣度。一般吃的辣椒只有几百至几千“史高维尔”。

芝麻开花节节高——芝麻

◆香浓的芝麻糊

芝麻，脂麻科，是胡麻的种子。它遍布世界上的热带地区。芝麻是我国四大食用油料作物的佼佼者，是我国主要油料作物之一。芝麻产品具有较高的应用价值。它的种子含油量高达 61%。我国自古就有许多用芝麻和芝麻油制作的名特食品和美味佳肴，一直著称于世。芝麻有黑白两种，食用以白芝麻为好，补益药用则以黑芝麻为佳。芝麻既可食用又可作为油料。古代养生学陶弘景对它的评价是“八谷之中，唯此为良”。日常生活中，人们吃的多是芝麻制品：芝麻酱和香油。

芝麻的基本形态

◆芝麻植株

芝麻为一年生植物，植株高度 50～100 厘米。芝麻是双子叶植物，子叶小，呈扁卵圆形。真叶由叶柄、叶片组成。叶片有单叶和复叶之分。叶序有对生、互生和轮生，也有在同株上对生与互生混合排列的。叶色有深绿、绿和浅绿，有极少数品种叶柄呈微紫色。

◆芝麻花

芝麻花是大型的两性花，由花柄、苞叶、花萼、花冠、雄蕊、雌蕊和蜜腺等构成。芝麻属无限花序，同一植株上花的开放有先有后，因此蒴果成熟极不一致。早熟易裂蒴，造成损失。芝麻果实为蒴果，有棱，常见的有四棱、六棱、八棱等。每棱有一排种子。棱数越多，蒴粒也就越多。每蒴粒数多的可达 130 粒以上，少的仅有 40 粒左右。因此，多棱芝麻经济价值高。芝麻种子籽粒小，千粒重多为 2.5～3 克。种子大小与蒴果棱数和长度有关，一般多棱或短蒴的品种籽粒小，千粒重低；四棱长蒴品种子粒大，千粒重较高。芝麻种子有白、黄、褐、茶灰、黑等基本色，以白色的种子含油量较高，黑色的种子入药，味甘性平，有补肝益肾、润燥通便之功效。

芝麻的营养价值

芝麻油中含有大量人体必需的脂肪酸，亚油酸的含量高达 43.7%，比菜油、花生油都高。芝麻的茎、叶、花都可以提取芳香油。小磨制成的芝麻油，香气扑鼻，在国际市场上畅销不衰。另外，与之齐名的芝麻酱也供不应求。

◆芝麻结果

芝麻花中有蜜腺，它与油菜、

荞麦并称为我国三大蜜源作物，品质以芝麻蜜为上乘。

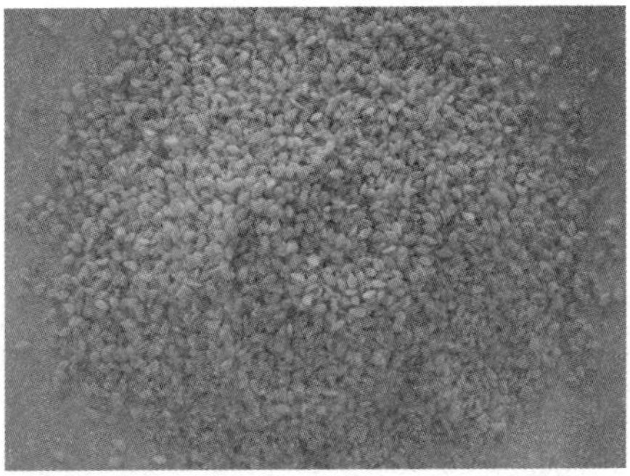
◆白芝麻

芝麻自古以来就被称为长寿不老的高级食品。芝麻的茎、叶、荚壳、花都可以做药。芝麻含维生素E、维生素B_1、亚油酸、蛋白质、麻糖、多缩戊糖、钙、磷、铁等矿物质和各种丰富的营养成分。其中含量最多，成为主要成分的维生素E，又常被人们称为防止衰老的维生素。它对改善血液循环、促进新陈代谢有很好的效果。还有不饱和脂肪酸的亚油酸，它有调节胆固醇的功能，因而又被称为“永葆青春的营养源”。

芝麻有黑、白两种，食用以白芝麻为好，药用以黑芝麻为良。

含有亚麻酸的食品虽然很多，但都不如芝麻的效果好。这是因为芝麻同时含有亚麻酸和维生素E。因为两者同时存在，不但防止了亚麻酸容易氧化的缺点，有起到协同作用、加强对动脉硬化和高血压的治疗效果。

药用价值

中医学对芝麻的药用有较高的认识，称它是一味强壮剂，有补血、润肠、生津、通乳、养发等功效，适用于身体虚弱、头发早白、贫血萎黄、津液不足、大便燥结、头晕耳鸣等症状。

据报道，黑芝麻对慢性神经炎、末梢神经麻痹均有疗效。由于芝麻油有降低胆固醇的作用，故血管硬化、高血压患者食之有益。

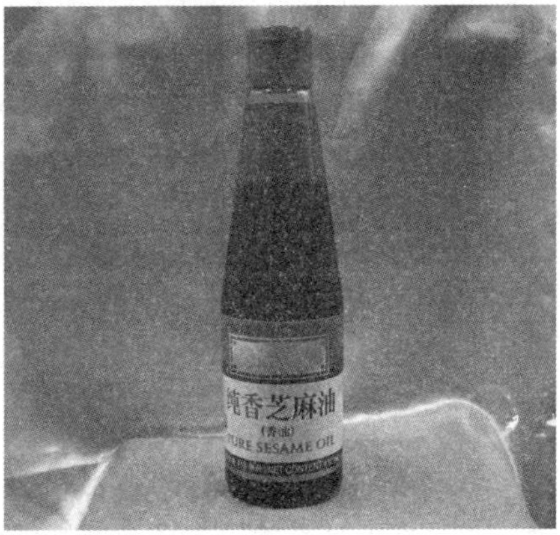

◆芝麻油

芝麻叶可以治疗中暑头晕。口渴时，可采鲜芝麻叶一大把，开水冲泡，代茶饮，有清暑解渴之效。关节炎疼痛，可以用芝麻叶 100 克，洗净切碎，水煎服。

芝麻根有消炎、止痒作用。治荨麻疹、瘙痒症，可取芝麻根数根，煎汤洗患处。说明：芝麻，古时称为胡麻、油麻、巨胜、脂麻、乌麻、方茎，分为黑芝麻、白芝麻两种，芝麻是一种芬芳的补药，是良好的滋润补养强壮剂。

趣谈笑说

芝麻开门，是打开秘密宝藏洞门的咒语，出自《一千零一夜》（又称《天方夜谭》）中“阿里巴巴和四十大盗”的故事。周星驰电影《大话西游》中也曾引用，是盘丝大仙用来打开“水帘洞”大门的暗语。由此也衍生出“芝麻开不了门”等新语。

广角镜——黑芝麻和白芝麻

◆黑芝麻

日常生活中，人们吃的多是芝麻制品：芝麻酱和香油。而吃整粒芝麻的方式则不是很科学，因为芝麻仁外面有一层稍硬的膜，只有把它碾碎，其中的营养素才能被吸收。所以，整粒的芝麻炒熟后，最好用食品加工机搅碎或用小石磨碾碎了再吃。

黑芝麻为胡麻科脂麻的黑色种子，含有大量的脂肪和蛋白质，还有糖类、维生素 A、维生素 E、卵磷脂、钙、铁、铬等营养成分，可以制成各种美味的食品。一般人均可食用。

白芝麻为胡麻科脂麻的白色种子。白芝麻具有含油量高、色泽洁白、籽粒饱满、种皮薄、口感好、后味香醇等优良品质。白芝麻及其制品具有丰富的营养性和抗衰老性。

智慧之果——核桃

◆结满核桃的树枝

打开坚硬的外壳，里面是形似人脑形状的果肉，也许是因为它长得极像人脑，所以在人们的观念里就有吃核桃补脑这一说法。实际上核桃没有人们想象中那么神奇，但它确实是营养丰富，在国际市场上与扁桃、腰果、榛子一起，并列为世界四大坚果。它的足迹几乎遍及世界各地，主要分布在美洲、欧洲和亚洲很多地方。其产量除美国外，即推中国。核桃在国外，人称“大力士食品”“营养丰富的坚果”“益智果”；在国内享有“万岁子”“长寿果”“养人之宝”的美称。

核桃的形态特征

◆核桃花

核桃树适应于土壤深厚、疏松、肥沃、湿润、气候温暖凉爽的生态环境。

核桃树为落叶乔木，高达35米，树皮灰白色，浅纵裂，枝条髓部片状，幼枝先端具细柔毛；2年生，枝常无毛。羽状复叶长25～50厘米，小叶5～9个，稀有13个，椭圆状卵形至椭圆形，顶生小叶通

◆果实

常较大，长 5～15 厘米，宽 3～6 厘米，先端急尖或渐尖，基部圆或楔形，有时为心脏形，全缘或有不明显钝齿，表面深绿色，无毛，背面仅脉腋有微毛，小叶柄极短或无。

雄柔荑花序长 5～10 厘米，雄花有雄蕊 6～30 个，萼 3 裂；雌花 1～3 朵聚生，花柱 2 裂，赤红色。果实球形，直径约 5 厘米，灰绿色。幼时具腺毛，老时无毛，内部坚果球形，黄褐色，表面有不规则槽纹。花期 3～4 月，果期 8～9 月。

核桃含有大量的不饱和脂肪酸，能强化脑血管弹力和促进神经细胞的活力，提高大脑的生理功能。

核桃有哪几类？

长期以来，我国劳动人民利用普通核桃和我国野生核桃资源，精心培育了许多优质核桃新品种。如按产地分类，有陈仓核桃、阳平核桃；按成熟期分类，有夏核桃、秋核桃；按果壳光滑程度分类，有光核桃、麻核桃；按果壳厚度分类，有薄壳核桃和厚壳核桃。我国各地还有许多优良的核桃品种，如河北的“石门核桃”，其特点为纹细、皮薄、口味香甜，出仁率在 50%左右，出油率高达 75%，故有“石门核桃举世珍”之誉。

◆陈仓核桃

核桃的功能和用途

核桃仁营养丰富，是很好的滋养品。每500克核桃相当于2500克鸡蛋，或4500克鲜牛奶的营养含量。核桃仁还具有很高的药用价值，对于肾亏、腰疼、肺虚、久嗽、气喘、大便秘结、病后虚弱和神经衰弱等症，均有很好的疗效。核桃仁含油量很高，一般为60%，油味香美，是一种高级食用油。

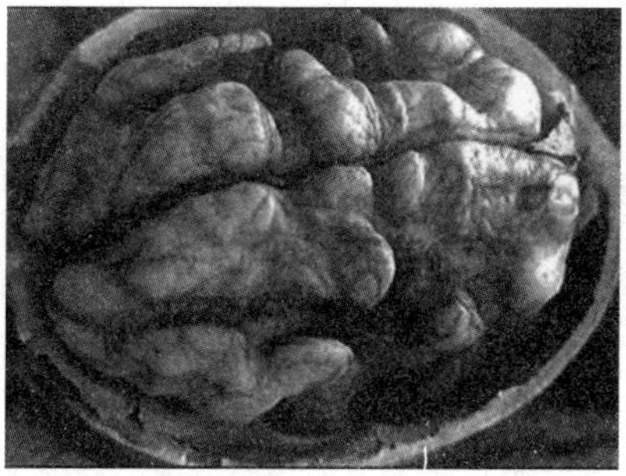

◆形如大脑的核桃仁

核桃树木质坚韧，富有弹性，纹理细腻，色泽美观，是军工和家具行业使用的上等材料。

核桃的药用价值很高，中医应用广泛。祖国医学认为核桃性温、味甘、无毒，有健胃、补血、润肺、养神等功效。《神农本草经》将核桃列为久服轻身益气、延年益寿的上品。宋代刘翰等著《开宝本草》中记述，核桃仁“食之令肥健，润肌，黑须发，多食利小水，去五痔。”明代李时珍著《本草纲目》记述，核桃仁有“补气养血，润燥化痰，益命门，处三焦，温肺润肠，治虚寒喘咳，腰脚重疼，心腹疝痛，血痢肠风”等功效。

◆未成熟的核桃

唐代孟诜著《食疗本草》中记述，吃核桃仁可以开胃，通润血脉，使骨肉细腻。

现代医学研究认为，核桃中的磷脂对脑神经有很好的保健作用。核桃油含有不饱和脂肪酸，有防治动脉硬化的功效。核桃仁中含有锌、锰、铬等人体不可缺少的微量元素。人体在衰老过程中锌、锰含量日渐降低，铬有促进葡萄糖利用、胆固醇代谢和保护心血管的功能。核桃仁的镇咳平喘作用也十分明显，冬季对慢性气管炎和哮喘病患者疗效极佳。可见经常食用核桃，既能健身体，又能抗衰老。有些人往往吃补药，其实每天早晚各吃几枚核桃，实在大有裨益，往往比吃补药还好。

知识库——各地核桃不同叫法

新疆库车一带的纸皮核桃，维吾尔族人叫它“克克依”，意思就是“壳薄”，含油量达75%。这一品种结果快，群众形容它“一年种，二年长，三年核桃挂满筐”。山西汾阳、孝义等地核桃以皮薄、仁满、肉质细腻著称。陕西秦岭一带的核桃皮薄如鸡蛋壳，俗称“鸡蛋皮核桃”。最好的品种“绵核桃”，皮薄肉厚，两个核桃握在手里，稍稍用劲一捏，核桃皮就碎了。此外，杭州出产的小胡桃，做出椒盐五香核桃，也很受南方人欢迎。

广角镜——小核桃

◆未成熟的小核桃

山核桃又名“小胡桃（小核桃）”，生长在气候优越、土壤肥沃、植被茂盛的自然环境中，属纯野生果类，是集山地之灵气哺育而成，无任何公害污染的天然绿色食品，在全世界17种山核桃中，数临安山核桃营养成分最高，粒大壳薄，口感最佳，也是众多中国干果中品味最高的品种之一。山核桃是临安“老三宝”之一。山核桃果肉（仁）有含有7.8%～9.6%的蛋白质，氨基酸含量高达25%，其中人体必需的氨基酸占7种；山核桃果肉（仁）中含有22种矿物元素，其中对人体有重要作用的钙、镁、磷及锌、铁含量十分丰富，有很高的营养价值，并有润肺强肾，降低血脂，预防冠心病之功效。天然林山核桃（仁）以其独特的工艺，科学的配方加工，使之成为香酥脆、口感佳、回味浓的旅游休闲佳品和馈赠亲友之礼品。

知识广播

核桃的故乡

1972 年发现磁山文化遗址，在磁山遗址发掘的灰坑中，发现两座坑底部有树籽堆积层，可辨认的有榛子、小叶朴和胡桃。胡桃就是现今的核桃，以往认为核桃是汉代张骞通西域时传入内地的，磁山遗址胡桃的出土，证实 7000 多年前这一带就有种植。

结在树上的花生——腰果

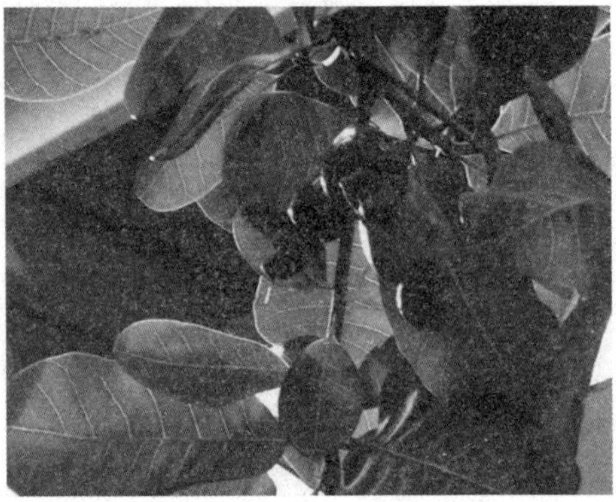
◆结在树上的“花生”

腰果又名鸡腰果、介寿果，因其坚果呈肾形而得名。腰果果实成熟时香飘四溢，甘甜如蜜，清脆可口，在国际市场上与扁桃、胡桃、榛子一起，并列为世界四大干果。过去一般只有产地的人们才可品尝到，现在已成为常见的干果了。原产中、南美洲，后传入东非和印度，盛产于当地沿海低海拔地区。它们的果实属坚果。

腰果树的形态特征

◆腰果树开花

腰果别名：鸡腰果、介寿果、槚如树，属于漆树科腰果树植物，常绿乔木，树干直立，高达 10 米。单叶革质、互生，椭圆形或倒卵形。圆锥花序，花枝总状排序。果实由膨大的肉质花托（果梨，即假果）和着生在花托上的坚果（种子，即真果）组成。假如树生于热带和亚热带的潮湿肥沃土壤，为常绿灌木或乔木，高可达 12 米，主要收获其坚果，木材也用来制作箱子、小船或烧炭。它们的树胶（树胶是植物树皮的黏性渗出物，有很广泛的用途）与阿拉伯树胶用途相似。

◆巴西大腰果树

该树种与美洲毒常春藤和毒漆树有亲缘关系，对之敏感的人在处理时需要小心。它们的坚果形如粗大的豆子，有时长超过2.5厘米，形状奇特，好像一端被压入梨形膨大的肉质果柄中。果柄居然比坚果大3倍。果柄淡红色或黄色，当地人用它做饮料、果酱和果子冻。坚果具有两层皮(或壳)，外壳薄，略有弹性，坚实，表面光滑如玻璃，成熟前为橄榄绿，成熟后为草莓红色；内壳坚硬。两层壳之间有棕色的油，皮肤接触后可致水疮。这种油可做润滑油、杀虫剂，并用于塑料生产。坚果有浓郁而独特的香味。去壳的加工过程需要小心，避免被其有毒成分伤害。

开心驿站

神树

在巴西的民间传说中，腰果树是天神赐给人类的“神树”。每当腰果收获的季节，以腰果为主食的当地部族都要举行盛大庆典，将最大最美的腰果献给天神。

浑身都是宝
——腰果树与腰果仁

腰果树是一种经济价值极高的果树。果柄酸辣甜，可食用，亦可用来酿酒。果仁营养价值很高，含有丰富的蛋白质、脂肪和糖类。“假果”里面同样含有丰富的水果汁和维生素C，可作为水果生吃，也可以用来制作果酱。腰果含有丰富的果汁，可以直接饮用，是一种清凉爽滑的饮料；还可以作为发酵或者酿酒，在医学上被广泛用于糖尿病人的血清剂。果仁的含油量高达40%，是一种高级食用油。从果壳里可以提炼一种芳香油，用

◆腰果假果

◆腰果

来制药，提炼高级润滑剂或合成橡胶，果壳里榨出的油，还可以用来制作绝缘油漆、防水纸、厚纸板等的胶粘剂。树皮上溢流而出的乳状汁液，可以制成涂料，涂在木器或者船舶上，能够起到防腐、防白蚂蚁的作用。腰果树的木材是制作家具的上等材料。腰果树的树叶和树根可以制作药茶。可以说，腰果树全身都是宝。

腰果仁是名贵的干果和高级菜肴，含蛋白质达21%，含油率达40%，各种维生素含量也都很高。在国际贸易中，每吨腰果仁价值5000多美元，不愧为世界“四大坚果”（核桃、扁桃、腰果和榛子）之一。腰果壳含油率达11%，腰果油可通过聚合方法生产合成橡胶，用腰果油油漆家具可以耐高温。据报道，美国的航天飞机就是用经过科学处理的腰果油作为机身保护层涂料的。

腰果含有较高的热量，其热量来源主要是脂肪，其次是糖类和蛋白质。

腰果的脂肪酸中主要是不饱和脂肪酸，其中油酸占不饱和脂肪酸的90%，亚油酸仅占10%，因此腰果与其他富含亚油酸的坚果相比，酸败的可能性较小。

腰果所含的蛋白质是一般谷类作物的2倍之多，并且所含氨基酸的种类与谷物中氨基酸的种类互补。

万花筒

该物种为中国植物图谱数据库收录的有毒植物，其毒性为果皮和种皮有毒，其水提取物与皮肤接触发生刺痛、红肿和起泡。误食则引起舌部刺痛和腹痛。外皮的水和醇提取物给麻醉或静脉注射均可降低血压，对小鱼的毒性较强。

小博士

漆树科植物

漆树是我国重要的特用经济林。漆液是天然树脂涂料，素有“涂料之王”的美誉。漆树可取蜡，籽可榨油，木材坚实，生长迅速，为天然涂料、油料和木材兼用树种。

农田中的骆驼——花生

◆落花生

花生又名金果、长寿果、长果、番豆、金果花生、无花果、地果、唐人豆。花生滋养补益，有助于延年益寿，所以民间又称之为“长生果”，并且和黄豆一同被誉为“植物肉”“素中之荤”。花生的营养价值比粮食高，可以与鸡蛋、牛奶、肉类等一些动物性食物媲美。它含有大量的蛋白质和脂肪，特别是不饱和脂肪酸的含量很高，很适宜制作各种营养食品。

花生的起源和分布

◆花生的叶子

落花生属约有60～70个种，迄今已收集到并经鉴定的有21个种。其中大多数是二倍体种（$2n=20$）。栽培花生是两个二倍体自然加倍的异源四倍体种（$2n=40$）。根据花生多样性品种类型的集中情况，玻利维亚南部、阿根廷西北部和安第斯山山麓的拉普拉塔河流域，可能是花生的起源中心地。

欧洲文献中最早记载花生的是西班牙的《西印度自然通史》。中国有关花生的记载始见于元末明初贾铭所著《饮食须知》中，其后许多书籍不但载有落花生的生物学特性，且有地理分布等。但作商品生产的仅10多个国家，主要生产国中以印度和中国栽培面积和生产量最大，其他国家还有塞内加尔、尼日利亚和美国等。

◆花生花的形态

花生，又名“落花生”或“长生果”。落花生源于山东乳山，花生是一年生草本植物，起源于南美洲热带、亚热带地区，约于16世纪传入我国，19世纪末有所发展。

◆花生仁

中国花生分布很广，各地都有种植。主产地区为山东、辽宁东部、广东雷州半岛、黄河、淮河地区以及东南沿海的海滨丘陵和沙土区。其中山东省约占全国生产面积的1/4，总产量的1/3强。福建龙岩产的花生，果实饱满，香酥可口，应该是国内花生品种的一个地方特色。

◆花花生

落花生为豆科作物，优质食用油主要油料品种之一。根部有很多根瘤。茎高30～70厘米，匍匐或直立；茎、枝有棱，被棕黄色长毛。落花生的果实为荚果，通常分为大中小三种，形状有蚕茧形、串珠形和曲棍形。蚕茧形的荚果多具有种

◆紫花生

子2粒，串珠形和曲棍形的荚果，一般都具有种子3粒以上。果壳的颜色多为黄白色，也有黄褐色、褐色或黄色的，这与花生的品种及土质有关。花生果壳内的种子通称为花生米或花生仁，由种皮、子叶和胚三部分组成。种皮的颜色为淡褐色或浅红色。种皮内为两片子叶，呈乳白色或象牙色。

小博士

“花生”原本是“落花生”的简称，表明了它是在“落花”以后才“生”出来的。即使是省略了一个“落”字，变成了“花生”，那也说明它是由“花”变化而“生”出来的，符合先开花后结果的一般规律。事实上，它属于植物的果实部分。

价值用途

花生果具有很高的营养价值，内含丰富的脂肪和蛋白质。据测定，花生果内脂肪含量为44%～45%，蛋白质含量为25%～36%，含糖量为20%左右，并含有硫胺素、核黄素、尼克酸等多种维生素。矿物质含量也很丰富，特别是含有人体必需的氨基酸，有促进脑细胞发育、增强记忆的功能。

花生种子富含油脂，从花生仁中提取的油脂呈淡黄色，透明、芳香宜人，是优质的食用油。花生油很难溶于乙醇，人们可以通过将花生油注入70%乙醇溶液，加热至39℃～40.8℃，看其混浊程度，来鉴定花生油是否为纯品。

花生油是将花生仁经过制浸而成的油。花生油属于不干燥性油，色泽淡黄，透明度好，清香可口，是优良烹调用油。

花生是一种高营养的食品，里面含有蛋白质25%～36%，脂肪含量可达40%以上，花生中还含有丰富的维生素 B_2、维生素P、维生素A、维生素D、维生素E、钙和铁等。

花生是100多种食品的重要原料。除可以榨油外，它还可以炒、炸、煮食，制成花生酥、各种糖果、糕点等。因为花生烘烧过程中有二氧化碳、香草醛、氨、硫化氢以及一些其他醛类挥发出来，构成花生果仁特殊的香气。

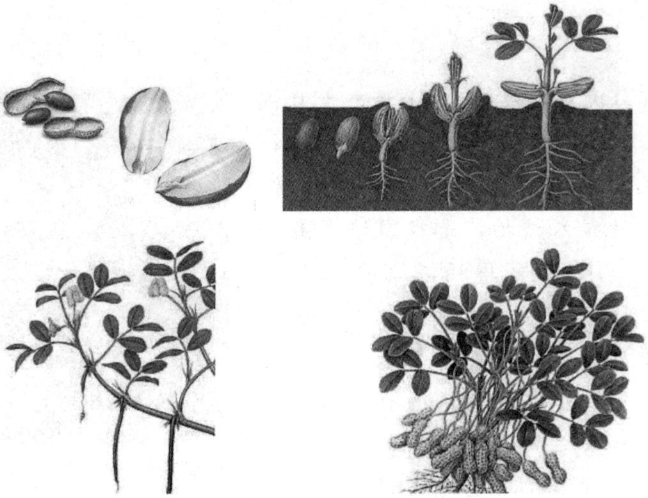

◆花生的成长

花生在纺织工业上用作润滑剂，机械制造工业上用作淬火剂。对小儿单纯性消化不良有一定疗效，并有镇咳祛痰作用。榨油后的副产品花生饼可加工成脱脂蛋白粉，经膨化处理可制成花生蛋白肉。

友情提醒——花生过敏

花生会引起极其罕见的过敏症。花生过敏的症状包括：血压降低、面部和喉咙肿胀，这些都会阻碍呼吸，从而导致休克。据英国研究人员统计，在英国，每200个人当中有大约一人对花生敏感。虽然部分人只是对花生有轻度过敏反应，但是花生也会令一些人出现过敏性休克。在英国，每年大约有10个人因为对花生的过敏反应而死亡。2005年，英国研究人员宣布，他们已经发现了花生是如何在部分人群体内引起过敏反应的原因。这种对坚果的过敏症近50年来在国外日益增多，希望也引起国内人的注意。

干果之王——栗子

◆板栗

中国有句民谚叫："八月山楂，十月板栗笑哈哈。"板栗，又名栗，属于健脾补肾、延年益寿的上等果品。其树名栗树，为山毛榉落叶乔木植物，是我国培育最早的果树之一。西汉司马迁在《史记》的《货殖列传》中即有"燕、秦千树栗……此其人皆与千户侯等"的明确记载。《苏秦传》中有"秦说燕文侯曰：南有碣石雁门之饶，北有枣栗之利，民虽不细作，而足于枣栗矣，此所谓天府也"之说。西晋陆机在《诗经》注中说："栗，五方皆有，惟渔阳范阳生者甜美味长，地方不及也。"由此可见，我国劳动人民早在2000多年前就已栽培板栗树。

栗子的生物属性

◆板栗总苞里面有坚果

栗是山毛榉科栗属中的乔木或灌木总称，有7～9种，是中国栽培最早的果树之一，已有2000多年的栽培历史。原生于北半球温带地区，大部分种类栗树都是20～40米高的落叶乔木，只有少数是灌木。板栗叶披针形或长圆形，叶缘有锯齿。花单性，雌雄同株。雄花为葇荑花序，成熟后总苞裂开，栗果脱落。雌花单独或数朵生于总苞内。坚果包藏在密生尖刺的总苞内，总苞直径为5～11

厘米，一个总苞内有 1～7 个坚果。坚果紫褐色，被黄褐色茸毛，或近光滑，果肉淡黄。各种栗树都结可以食用的坚果，果实含糖、淀粉、蛋白质、脂肪及多种维生素、矿物质。

◆暴露出来的果实

栗子的生长特性

栗树喜光，光照不足引起枝条枯死或不结果，对土壤要求不严，喜肥沃温润、排水良好的砂质或砾质壤土，对有害气体抗性强，忌积水，忌土壤黏重，深根性，根系发达，萌芽力强，耐修剪，虫害较多。另外，栗树有的品种耐寒、耐旱，寿命长达 300 年以上。

◆良乡栗子

板栗树冠圆广、枝茂叶大，在公园草坪及坡地孤植或群植均适宜。亦可作山区绿化造林和水土保持树种。目前主要作干果生产栽培。板栗在我国已有 2000 多年的栽培历史，各地品种繁多，栽培时应注意选用当地的优良品种。板栗适应性强，栽培管理方便，产量稳定，深受广大群众的喜爱。华北地区的群众把板栗叫作“铁杆庄稼”，是绿化结合生产的良好树种。

> 栗素有“干果之王”的美誉，与桃、杏、李、枣并称“五果”，国外称之为“健康食品”。

板栗多生于低山丘陵缓坡及河滩地带，河北、山东、湖北黄冈、信阳罗山、陕南镇安是板栗著名的产区。板栗宜于山地栽培，适合偏酸性土壤，多行实生播种，也可嫁接繁殖。木材致密坚硬、耐湿。枝、树皮和总苞含单宁，可提取栲胶。

小书屋

板栗属于坚果类，但它不像核桃、榛子、杏仁等坚果那样富含油脂，它含淀粉量很高。干板栗的糖类达到77%，与粮谷类的75%相当；鲜板栗也有40%之多，是马铃薯的2.4倍。鲜板栗的蛋白质含量为4%～5%，虽不如花生、核桃多，但略高于煮熟后的米饭。

栗子的营养价值

◆糖炒栗子

栗子甘甜芳香，含淀粉51%～60%，蛋白质5.7%～10.7%，脂肪2%～7.4%，糖类、粗纤维、胡萝卜素、维生素A、B、C及钙、磷、钾等矿物质，可供人体吸收和利用的养分高达98%。以十粒计算，热量约为854焦，脂肪含量则少于1克，是有壳类果实中脂肪含量最低的。普遍用于食品加工，烹调宴席和副食。板栗生食、炒食皆宜，糖炒板栗、拌烧仔鸡，喷香味美，可磨粉，亦可制成多种菜肴、糕点、罐头食品等。板栗易贮藏保鲜，可延长市场供应时间。

其他价值

板栗全身是宝，可以加工制作栗干、栗粉、栗酱、栗浆、糕点、罐头等食品，栗子羹则是老幼皆宜，营养丰富的糖果。板栗树材质坚硬，纹理通直，防腐耐湿，是制造军工、车船、家具等的良好材料。枝叶、树皮、刺苞富含单宁，可提取栲胶；花是很好的蜜源。板栗各部分均可入药，板栗能健脾益气、消除湿热，果壳治反胃称作收敛剂，树皮煎汤洗丹毒，根可治偏肾气等症。

坚果栗子在欧洲、亚洲和美洲被广泛用作食品。在南欧中世纪时是居住在森林中居民食物中的主要糖类来源。

栗木非常坚固耐久，不容易被腐蚀，颜色发黑，有美丽的花纹，是非常好的装饰和家具用材。但由于栗树生长缓慢，大尺寸的栗木非常昂贵。

栗树皮可以提炼单宁酸和栲胶，是皮革工业的重要原料。树叶可以饲养柞蚕。

同时它还有较好的药用价值，中医认为栗有补肾健脾、强身壮骨、益胃平肝等功效。因此，栗子又有了“肾之果”的美名。

栗子趣闻

人们恐怕很难想到，鲜板栗所含的维生素C比公认含维生素C丰富的西红柿还要多，更是苹果的十多倍！栗子所含的矿物质也很全面，有钾、镁、铁、锌、锰等，虽然达不到榛子、瓜子那么高的含量，但仍然比苹果、梨等普通水果高得多，尤其是含钾突出，比号称富含钾的苹果还高4倍。

小贴士——吃栗子的注意事项

栗子产生的能量较高，只是因鲜生栗子含的水分较多而致各种营养成分比干栗子和熟栗子相对少一些而已。由于栗子所含的糖类不低，因此在吃栗子进补的时候，要避免吃得太多，尤其是糖尿病人，以免影响血糖的稳定。

栗子中不仅含有大量淀粉，而且含有丰富的蛋白质、脂肪、B族维生素等多种营养成分，热量也很高，栗子的维生素 B_1、维生素 B_2 含量丰富，维生素 B_2 的含量至少是大米的4倍，每100克还含有24毫克维生素C，这是粮食所不能比拟的。

百果第一枝——樱桃

◆樱桃果

樱桃别名莺桃、含桃、荆桃等，是上市最早的一种乔木果实，号称“百果第一枝”。据说黄莺特别喜好啄食这种果子，因而名为“莺桃”。樱桃成熟时颜色鲜红，玲珑剔透，味美形娇，营养丰富，医疗保健价值颇高，又有“含桃”的别称。樱桃属于蔷薇科落叶乔木果树，朋友们可别把樱桃和樱花混为一谈哦。

樱桃的生物属性

◆樱桃树

樱桃树是蔷薇科梅属落叶小乔木，高可达 8 米。叶卵形至卵状椭圆形，长 7～12 厘米，先端锐尖，基部圆形，缘有大小不等重锯齿，齿间有腺，上面无毛或微有毛，背面疏生柔毛。花白色，径 1.5～2.5 厘米，萼筒有毛；3～6 朵簇生成总状花序。果近球形，径 1～1.5 厘米，红色。花期 4 月，先于叶开放；果 5～6 月成熟。

樱桃娇生惯养，又怕冷又怕热，又怕旱又怕涝，年降水量要在 600～700 毫米之间，冬季温度不能低于零下 20℃。所以大连以北不能种，而温度高的黄河以南也不能种。樱桃树还易受病害侵袭，长得好好的樱桃，有可能突然死亡。

我国作为果树栽培的樱桃有中国樱桃、甜樱桃、酸樱桃和毛樱桃。樱桃成熟期早，有早春第一果的美誉。

◆樱桃花

我国樱桃产量为3500万千克，人均只有29克，相当于每人有大樱桃3个或中国樱桃15～17个。可见樱桃具有广阔的市场前景。我国栽培的甜樱桃品种主要为欧美品种，在我国北方地区表现很好，由于欧洲甜樱桃一般需7.2℃以下低温持续900～1400小时方可完成冬季休眠，不能在我国南方大面积栽培。因而，在我国南方省区仍以中国樱桃为主栽品种。同时，中国樱桃的优良品种极少，栽培品种中普遍表现出果小、味酸、采前裂果、落果等诸多缺点。而中国樱桃优良品种——黑珍珠的选育，成功地弥补了这些缺点。

樱桃的营养价值

樱桃的含铁量特别高，位于各种水果之首。常食樱桃可补充体内对铁元素的需求，促进血红蛋白再生，既可防治缺铁性贫血，又可增强体质，健脑益智。

樱桃营养丰富，具有调中益气，健脾和胃，祛风湿，“令人好颜色，美志性”之功效，对食欲不振、消化不良、风湿身痛等均有益处。经常食用樱桃可养颜驻容，使皮肤红润嫩白，去皱消斑。中医古籍称它能“滋润皮肤”“令人好颜色，美态”，常吃能够让皮肤更加光滑润泽。而且，樱桃具有很大的药用价值。它全身皆可入药，鲜果具有发汗、益气、祛风、透疹的功效，适用于四肢麻木和风湿性腰腿病的食疗。

知识广播

每百克樱桃果肉中铁的含量是同等重量的草莓的6倍、枣的10倍、山楂的13倍、苹果的20倍，居各种水果之首，故又被称之为“美容果”。

小资料：钻石般的车厘子

◆樱桃别名——车厘子

车厘子就是英语单词“cherry”（樱桃）的音译。在台湾、广东及香港被直译做“车厘子”，但它不是指个小色红皮薄的中国樱桃，而是产于美国、加拿大、智利等美洲国家的个大皮厚的进口樱桃。

中国目前也有车厘子果树的引种，不过还没有形成规模。

美国西北车厘子是少数真正属于季节性的水果之一。它只是在每年的6月中旬出产，而到8月中旬，除了高山地区少量的产品外，美国西北车厘子都完成了为人们提供夏季美食的使命，等待着来年再次让您一饱口福。

樱桃含有一定量的氰甙，若食用过多会引起铁中毒或氰化物中毒。吃多了，可用甘蔗汁清热解毒。

宾莹（Bing）和霖宝（Lambort）都呈暗红色，果实硕大、坚实而多汁，入口甜美，蕾妮（Rainier）色淡近乎黄色，略带粉红润泽，果肉细腻，色清，汁无色，入口清香可口，甜美细嫩，与众不同。凡品尝过的人，都会不约而同地赞美樱桃是水果中的钻石。

樱桃的历史

野樱桃在亚洲和欧洲各有两个大品种，互相没有任何联系，后来的其他樱桃都是培育出来的。世界上主要分布在北半球，在我国主要产于安徽、辽宁、河北、陕西、甘肃、山东、河南、江苏、浙江、江西、四川。樱桃树生于山坡阳处或沟边，常栽培，海拔300～600米。陕西省西乡县有西北最大的樱桃基地——樱桃沟，每年4月下旬举办樱桃节。中国贵州省安顺市境内、镇宁布依族苗族自治县境内盛产此种水果。

考古工作者曾在商代和战国时期的古墓中发掘出樱桃的种子。3000年前的《礼记》中已有“仲夏之日以会桃先荐寝庙”的记载。这里所指“会桃”即樱桃。历史上樱桃曾被列为向朝廷进献的“贡果”。中国樱桃著名品种有江苏南京的垂丝樱桃、浙江诸暨的短柄樱桃。

你知道吗？

樱花树和樱桃树不同。在进化的过程中，樱花树只开花，不结果；而樱桃树开花也结果。樱花原产我国长江流域和日本，性喜阳光，亦喜湿润，根系浅，对烟及风抗力弱。樱花花朵极其美丽，5～6月开放，盛开时节，满树烂漫，如云似霞，是著名观赏花木。

名人典故——美国总统与樱桃树的故事

这个故事发生在美国的一个庄园主的家里。

一天中午，庄园主从外面回来，带回一把锋利的小斧子，随手放在门边就去做活去了。正巧，庄园主的儿子看到了这把斧子。他看着闪闪发光的斧子十分喜爱，拿在手里左看右看，心想：这么亮的斧子究竟快不快呢？他很想试一试。于是，他带着斧子跑到了樱桃园里。他选中了一棵细小的樱桃树，学着大人砍树的样子，举起斧子用力砍下去，只听得“咔嚓”一声，小树被拦腰砍断了。

◆乔治·华盛顿

男孩一看不好，知道自己闯下了大祸，

就赶紧跑回家，把斧子放到了原处，躲到他的小屋里，忐忑不安地捧起一本书，装作专心的样子读起来。几个小时后，庄园主回来了。当他经过樱桃园时，发现他最心爱的那棵樱桃树被砍断了，顿时大发雷霆。回到家里，他把果农叫来训斥了一顿，并要他把砍树的人追查出来。一直躲在屋里的小男孩看到这种情景，心想，如果我不承认，万一错怪了别人，那多不好啊！但转念又一想，如果去承认了，爸爸要责备我，也许还会打我的。该怎么办呢？他坐在床边犹豫了好一会儿，终于大胆地走到了爸爸面前，低着头，红着脸说："爸爸，别再追查了，树是我砍的。"父亲问明了情况，不但没有责备他，还把他搂在怀里，意味深长地说："孩子，我为你的诚实而高兴。要知道，做人首先要诚实，这比100棵樱桃树还要宝贵。"

小男孩点点头，把父亲的这些话牢牢记在心上。这个小男孩就是后来的美国总统乔治·华盛顿。

树上结出珍珠串——葡萄

葡萄是葡萄科植物葡萄的果实，为落叶藤本植物，是世界最古老的植物之一。葡萄原产于欧洲、西亚和北非一带。据考古资料显示，最早栽培葡萄的地区是小亚细亚里海和黑海之间及其南岸地区。大约在7000年以前，南高加索、中亚细亚、叙利亚、伊拉克等地区也开始了葡萄的栽培。多数历史学家认为，波斯（即今日伊朗）是最早酿造葡萄酒的国家。欧洲最早开始种植葡萄并进行葡萄酒酿造的国家是希腊。我国长江流域以北各地均有产，主要产于新疆、甘肃、山西、河北、山东等地。

葡萄的形态特征与生长习性

◆葡萄花

葡萄树为落叶木质藤本，茎蔓长达10～20米；树皮长片状剥落，幼枝光滑。叶互生，近圆形，长7～15厘米，宽6～14厘米，3～5裂，基部心形，两侧靠拢，边缘粗齿。圆锥花序，花小，黄绿色。花后结浆果，果椭球形，圆球形，因品种不同，有白、青、红、褐、紫、黑等不同果色。果成熟期8

◆葡萄干

～10月，我国栽培葡萄已有2000多年历史，相传为汉代人张骞引入。

生长习性：最适宜的气候和阳光：阳光照射太少会酸，太多则过甜。春天发芽时，葡萄喜7℃～12℃气温，这时不能有霜和冰雹；葡萄枝生长的时候，温度最好在20℃～25℃之间，不凉不热，还要阳光灿烂；秋天，葡萄开始成熟，理想温度20℃～25℃，凉爽宜人，这时千万不可下雨。太冷的地方葡萄树很难过冬，这些地区夏天的温度不高，葡萄难以成熟；太热的地方病虫害多，假如冬天气温经常超过10℃，葡萄根会继续向枯枝缓慢供应养分，第二年葡萄发芽时，便会营养不良。

小资料——新疆葡萄

新疆葡萄甲天下，尤其以吐鲁番的葡萄最负盛名。2002年沟里种葡萄615.6公顷，生产鲜葡萄168610吨。这里主要种无核白葡萄，还有马奶子、红葡萄、喀什喀尔、百加干、琐琐等13个品种。其果实呈球形、卵形、椭球形等，有的葡萄晶莹如珍珠，有的鲜似玛瑙，而有的绿若翡翠。那五光十色、翠绿欲滴的鲜葡萄，令人垂涎不止。尤其是这里生产的无核白葡萄，皮薄、肉嫩、多汁、味美、营养丰富，素有“珍珠”美称，其含糖量高达20%～24%，超过美国加利福尼亚州的葡萄，居世界之冠。用无核白鲜葡萄晾制的葡萄干，含糖量高达60%，被人们视为葡萄中的珍品。新疆葡萄栽培历史悠久，品种资源十分丰富，约600多个品

◆新疆的马奶子葡萄

◆葡萄架下的一串串葡萄

种。有无核白、马奶子、百家干、木纳格、黑葡萄、和田红、喀什哈尔、粉红太妃等，尤以无核白最为名贵，皮薄肉嫩，汁多味甜，素有“珍珠”美称，且富含多种营养。葡萄还可酿酒，制作果酱、果汁。西域种植葡萄已有2000多年的历史了。盛夏的季节走进绿洲，家家户户的葡萄架不但会带给你阴凉，好客的主人还会采来晶莹的鲜葡萄给你消暑解渴；即使是隆冬，在塔里木盆地一带的集市上，仍然可以尝到保存得较好的葡萄。

葡萄的经济价值

◆葡萄酒

葡萄含糖量高达10%～30%，以葡萄糖为主。葡萄中的多量果酸有助于消化，适当多吃些葡萄，能健脾和胃。葡萄中含有矿物质钙、钾、磷、铁以及多种维生素 B_1、维生素 B_2、维生素 B_6、维生素C和维生素P等，还含有多种人体所需的氨基酸，常食葡萄对神经衰弱、疲劳过度大有裨益。把葡萄制成葡萄干后，糖和铁的含量会相对高，是妇女、儿童和体弱贫血者的滋补佳品。

现代医学研究表明，葡萄还具有防癌、抗癌的作用。葡萄具有极高的观赏性，人们将其制作成各种盆景放置室内，清香幽雅美观别致；或在居室前后栽植，藤蔓缠绕，玲珑剔透，芳香四溢，是美化环境的佼佼者。然而，葡萄的巨大经济价值主要在于酿酒，全世界80%的葡萄都用于酿酒。但是，随着人们保健意识的增强，消费观念的转变，越来越多的葡萄被酿成果汁，成为味美多效的营养保健果品。其不仅能治疗多种疾病，直接饮用葡萄汁还有抗病毒的作用。

知识广播

葡萄籽95%的成分为原青花素，其抗氧化的功效比维生素C高出18倍之多，比维生素E高出50倍，因此葡萄籽可说是真正的抗氧化巨星。抗氧化是防老化的方法，因此葡萄籽能让您永葆青春。

小贴士——葡萄与提子

葡萄与提子实质上都是葡萄的果实。只是在商品流通过程中，港、沪等地的市场通常将粒大、皮厚、汁少、优质、皮肉难分离、耐贮运的欧亚种葡萄称为提子，又根据色泽不同，称鲜红色的为红提，紫黑色的为黑提，黄绿色的为青提，而将粒大、质软、汁多、易剥皮的果实称为葡萄，因而形成了两种名称。一般进口的葡萄均为提子类。

葡萄用手一捏，皮和肉容易分离，而红提皮比较薄，皮和肉很难分开。从外形上看，提子同葡萄的褐红程度也不一样，红提呈深红色，果形一致，大小均匀，一般都是整串的，很难散落，拿在手里较硬。而且，红提的口感脆甜，存放的时间较长，通常条件下（不采取任何措施）能保存15天左右。

近年，一切进口的硬肉型葡萄都被叫成“提子”，一些果农不讲地域差异，不辨品质优劣，抢着发展；他们还偏爱外国品种，轻视国内良种。

知识窗

葡萄原是一种“神”

在西方古老的传说中，葡萄果实是由乐善好施的大地之神的儿子奥西里斯把它带到人间来的，葡萄酒“Vin”一词，其实就是人们心中“神”的另一种说法。

健康生活少不了——南瓜

南瓜是葫芦科南瓜属的植物。因产地不同，叫法各异。又名麦瓜、番瓜、倭瓜、金冬瓜，台湾话称为金瓜，原产于北美洲。南瓜在中国各地都有栽种，日本则以北海道为大宗。嫩瓜味甘适口，是夏秋季节的瓜菜之一。老瓜可作饲料或杂粮，所以有很多地方又称为饭瓜。在西方，南瓜常用来做成南瓜派，即南瓜甜饼。南瓜瓜子可以作零食。

◆大南瓜

南瓜的生物属性

南瓜是一年生双子叶草本植物，能爬蔓，茎的横断面呈五角形，叶子心脏形，花黄色，果实一般扁圆形或梨形，嫩时绿色，成熟时赤褐色。果实可做蔬菜，种子可以吃。茎长达数米，节处生根，粗壮，有棱沟，被短硬毛，卷须分3～4叉。单叶互生，叶片心形或宽卵形，5浅裂有5角，稍柔软，长15～30厘米，两面密被茸毛，沿边缘及叶面上常有白斑，边缘有不规则的锯齿。花单生，雌雄同株异花。雄花花托短。花萼裂片线形，顶端扩大成叶状。花冠钟状，黄色，5中裂，裂片外展，具皱纹。雄蕊3枚。花药靠

◆南瓜的黄花

◆茎和未发育的果实

合，药室规则S形折曲。雌花花萼裂显著，叶状，子房圆形或椭圆形，1室，花柱短，柱头3，各2裂。瓠果，扁球形、壶形、圆柱形等，表面有纵沟和隆起，光滑或有瘤状突起。似橘瓣状，呈橙黄至橙红色不等。果柄有棱槽，瓜蒂扩大成喇叭状。种子卵形或椭圆形，长1.5～2厘米，灰白色或黄白色，边缘薄。花期5～7月，果期7～9月。原产于亚洲南部，世界各地均有栽培。

小知识——南瓜种类

南瓜在园艺学上被归类为蔬菜作物，品种繁多，外观变化多端、色彩丰富，是所有瓜果类蔬菜中外貌最为多样化的。

南瓜栽培品种甚多，植物学家对世界上的南瓜归类有以下五种：西洋南瓜、中国南瓜、美国南瓜、黑子南瓜、墨西哥南瓜。

特大南瓜又名巨型南瓜，为葫芦科南瓜属植物，美国引进，该瓜一般重100～200千克，最大可达250千克以上，可作为宾馆、酒店招徕生意之宝，也是观光农业、休闲农家乐一金牌项目。

◆观赏南瓜

而观赏南瓜品种大都是属于西洋南瓜或美国南瓜这两类，其实这两类南瓜除了可供观赏外，有部分品种亦可食用；目前我国所栽培的观赏南瓜都属于已市场化的商业品种，有福瓜、佛手南瓜、椪柑南瓜、鸳鸯南瓜、瓜皮南瓜、龙凤南瓜、白蛋南瓜、金童南瓜等。

◆巨型南瓜

◆与南瓜味道相似的倭瓜

很多人认为南瓜就是倭瓜，其实不然，南方或西北地区的南瓜与北方的倭瓜是不一样的，南瓜的直径长度比更大一些，也就是矮一些，北方的倭瓜直径长度比小一些，也就是高一些。味道也有细微的差别，南瓜含水量少一些，倭瓜含水量高一些。说“南瓜”北方人懂，说“倭瓜”很多南方人听不懂。

南瓜的营养价值

◆南瓜食品——南瓜饼

南瓜的果实可作蔬菜；种子含油可食用，种子（南瓜子）和瓜蒂常入药，能驱虫、健脾、下乳。

南瓜果实含有淀粉、蛋白质、胡萝卜素、维生素B、维生素C和钙、磷等成分。其营养丰富，为农村人经常食用的瓜菜，并日益受到城市人的重视。不仅具有较高的食用价值，而且有着不可忽视的食疗作用。据《滇南本草》载：南瓜性温，味甘，无毒，入脾、胃二经，能润肺益气，化痰排脓，驱虫解毒，治咳止喘，疗肺痈与便秘，并有利尿、美容等作用。

1. 解毒：南瓜含有维生素和果胶，果胶有很好的吸附性，能黏结和消除体内细菌毒素和其他有害物质，如重金属中的铅、汞和放射性元素，能起到解毒作用。

◆南瓜粥

2. 保护胃粘膜、帮助消化：南瓜所含果胶还可以保护胃肠道黏膜，免受粗糙食物的刺激，促进溃疡愈合，适宜于胃病患者。南瓜所含成分能促进胆汁分泌，加强胃肠蠕动，帮助食物消化。

3. 防治糖尿病、降低血糖：南瓜含有丰富的钴，钴能活跃人体的新陈代谢，促进造血功能，并参与人体内维生素 B_{12} 的合成，是人体胰岛细胞所必需的微量元素，对防治糖尿病、降低血糖有特殊的疗效。

4. 消除致癌物质：南瓜能消除致癌物质亚硝酸胺的突变作用，有防癌功效，并能帮助肝、肾功能的恢复，增强肝、肾细胞的再生能力。

5. 促进生长发育：南瓜中含有丰富的锌，参与人体内核酸、蛋白质的合成，是肾上腺皮质激素的固有成分，为人体生长发育的重要物质。

6. 防治妊娠水肿和高血压：南瓜花果的营养极为丰富。孕妇食用南瓜花果，不仅能促进胎儿的脑细胞发育，增强其活力，还可防治妊娠水肿、高血压等孕期并发症，促进凝血及预防产后出血。

历史趣闻

清代海盐地区有个名人叫张艺堂，少年好学，人也聪明，但苦于家贫，无钱交纳学费。当时有个大学问家叫丁敬身，张艺堂欲拜他为师。第一次上师门时，身后背着个大布囊，里面装着送给老师的礼物。到了老师家，他放下沉重的布袋，从里面捧出两只大南瓜，每只约重十余斤。旁人看了皆大笑，而丁敬身先生却欣然受之，并当场烹瓜备饭，招待学生，这顿饭只有南瓜菜，但师生却吃得津津有味。在海盐一带，“南瓜礼”一直传为美谈。

广角镜——南瓜灯

南瓜在北美和欧洲普遍栽培供食用及作牲畜饲料，食时须去果皮，果肉经过烹煮适合人类食用。南瓜在欧洲主要用作蔬菜，南瓜馅饼在美国与加拿大则是感恩节和圣诞节的餐后甜点；南瓜还可作布丁和汤，亦可与小果南瓜互换做成各种调理包。南瓜在美国用作万圣节的装饰品。掏去南瓜内部，刻成人面形，在里头点灯，让灯光由镂空处透出。这就是南瓜灯，即鬼火（jack－o′－lantern）。

◆可爱的南瓜灯

南瓜雕空当灯笼的故事源于古代爱尔兰。故事是说一个名叫Jack（杰克）的人，是个醉汉且爱恶作剧。一天Jack把恶魔骗上了树，随即在树桩上刻了个十字，恐吓恶魔令他不敢下来，然后Jack就与恶魔约法三章，让恶魔答应施法让Jack永远不会犯罪为条件让他下树。Jack死后，其灵魂却既不能上天堂又不能下地狱，于是他的亡灵只好靠一根小蜡烛照着指引他在天地之间徜徉。在古老的爱尔兰传说里，这根小蜡烛是在一根挖空的萝卜里放着，称作“Jack Lanterns”，而古老的萝卜灯演变到今天，则是南瓜做的“Jack－O－Lantern”了。据说爱尔兰人到了美国不久，即发现南瓜不论从来源还是雕刻来说都比萝卜胜一筹，于是南瓜就成了万圣节的宠物。

粮食王国的元老——水稻

水稻原产亚洲热带地区，是世界主要粮食作物之一。我国水稻播种面积占全国粮食作物的1/4，而产量则占一半以上，栽培历史已有14000～18000年。水稻为重要粮食作物，除食用颖果外，可制淀粉、酿酒、制醋，米糠可制糖、榨油、提取糠醛，供工业及医药用。稻秆为良好饲料及造纸原料和编织材料，谷芽和稻根可供药用。按照不同的方法，水稻可以分为籼稻和粳稻、早稻和中晚稻、糯稻和非糯稻。我国科学家袁隆平对杂交水稻的研究做出了巨大贡献，被誉为“杂交水稻之父”。水稻所结稻粒去壳后成为大米或米。世界上近一半人口，都以大米为食。

水稻的基本属性

稻的植物剖面绘图中，稻叶在幼年时，跟杂草非常相似，一样具有长扁型的外观，农人多依赖稻叶特殊的叶耳与叶舌来区分。叶耳就是稻叶叶环的两端长出耳状之物，叶舌则是稻叶叶环内长出的薄膜。稻叶的叶脉是平行的，中央有很明显的中脉，呈绿色，在中肋、边缘或尖端有时也会有紫色色素。

◆水稻花

稻子的根呈胡须状，细短而多，随着稻的成长，数量会增多，稻株旁也会不断长出小枝来。

稻成为稻穗后，一株稻穗约开 200～300 朵稻花，一朵稻花会形成一粒稻谷。稻花没有花瓣，也很难看到雄蕊雌蕊，它们都由稻花的内外颖保护着。稻在自体授粉时，雄蕊上的花药会破裂，花粉相当细小，会随风力和稻的摇摆落到隔壁雌粉上头，与雌粉子房中的胚珠结合，发育成胚芽，也就是人类食用和摄取营养的主要来源。在胚芽附近，还有浆状的胚乳会不断增加，使子房日渐肥大。外观上则会看到绿色的稻谷上有细毛，称为稻芒。由外而内分别有稻壳（颖）、糠层（果皮、种皮、糊粉层的总称）、胚及胚乳等部分。

◆水稻秧苗

◆稻穗

稻的生长非常快，最久一年，最快则三到四个月，就能完成发芽、开花、结实的过程。稻的种子伸出幼芽的时间仅需两三天，幼芽抽出第一片叶子又只需要三天，因此在气候温和的地区，一年可种三期稻。农人选稻种时，多会将其泡在水中，轻而浮起的稻种会被淘汰，剩下来的就会培育成稻苗。

水稻的分布范围

◆天津小站稻

稻生长的最北限是中国的黑龙江省呼玛。但主要的生长区域是中国南方、日本、朝鲜半岛、东南亚、南亚、欧洲南部地中海沿岸、美国东南部、中美洲、大洋洲和非洲部分地区，中国北方沿河地区也种植稻。也就是说，除了南极洲之外，几乎大部分地方都有稻米生长。

据 2003 年统计，全世界的稻作产量高达 5.89 亿吨，亚洲就有 5.34 亿吨的产量。而全世界稻田总面积达 150 万平方千米。目前，最大的稻米出口国为泰国。

中国是世界上水稻栽培的起源国，根据 1993 年中美联合考古队在道县玉蟾岩发现的古栽培稻，距今已有 14000～18000 年的历史。

中国著名的小站稻主产于天津市，它是在袁世凯小站练兵时引进在小站地区试种成功的品种，后来经天津南郊的高庄子李氏大地主改良后成为今天的小站稻。它口味好，成饭后松软可口，成为天津的主要粮食产品之一，但是“文化大革命”中它曾经作为四旧品种停种了很长一段时间，改革开放后又在天津南郊大面积种植。

名人介绍——袁隆平

袁隆平，1930 年 9 月 1 日生于北平（今北京），汉族，江西省德安县人，无党派人士，现居住在湖南长沙。中国杂交水稻育种专家，中国工程院院士。现任中国国家杂交水稻工作技术中心主任暨湖南杂交水稻研究中心主任、湖南农业大学教授、中国农业大学客座教授、怀化职业技术学院名誉院长、联合国粮农组织首席顾问、世界华人健康饮食协会荣誉主席、湖南省科协副主席和湖南省政协副

◆杂交水稻之父——袁隆平

主席。2006年4月，当选美国科学院外籍院士，被誉为“杂交水稻之父”。世界统一科学联合会讲师团教授，世界本原统一科学院院士，国际统一易学联合会讲师团名誉教授，世界科学院院士，中国工程院院士袁隆平毕业于西南农学院，中国杂交水稻研究的创始人，被誉为“当今中国非常著名的科学家”“当代神农氏”“米神”等。

1964年开始研究杂交水稻，1973年实现三系配套，1974年育成第一个杂交水稻强优组合南优2号，1975年研制成功杂交水稻种植技术，从而为大面积推广杂交水稻奠定了基础。袁隆平的杂交水稻研究，在中国国内是具有开创性的，但是世界上首次成功的水稻杂交是由美国人亨利·汉克·比彻在1963年于印度尼西亚完成的，1966年在菲律宾国际水稻研究所培育出奇迹稻——IR8。

1980～1981年，袁隆平赴美任国际水稻研究所技术指导，1982年任全国杂交水稻专家顾问组副组长，1985年提出杂交水稻育种的战略设想，为杂交水稻的进一步发展指明了方向。1987年任863计划两系杂交水稻专题的责任专家，1991年受聘联合国粮农组织国际首席顾问，1995年被选为中国工程院院士并研制成功两系杂交水稻，1997年提出超级杂交稻育种技术路线，2000年实现了农业部制定的中国超级稻育种的第一期目标，2004年提前一年实现了超级稻第二期目标。

毕业后，袁隆平一直从事农业教育及杂交水稻研究。1971年至今任湖南农业科学院研究员，并任湖南省政协副主席、全国政协常委、国家杂交水稻工程技

大米的糯性是由什么决定的?

无论籼稻或粳稻，根据大米淀粉性质的不同可分为粘稻与糯稻两类。稻米的淀粉分为直链及支链两种。支链淀粉越多，煮熟后会黏性越高。粘稻米淀粉中含直链淀粉10%~30%，其余为支链淀粉，米质黏性小而胀性大，其中粳稻米的黏性又大于籼稻米。糯稻米淀粉则几乎全部为支链淀粉。

术研究中心主任。先后获得“国家特等发明奖”“首届最高科学技术奖”等多项国内奖项和联合国“科学奖”“沃尔夫奖”“世界粮食奖”等11项国际大奖。出版中、英文专著6部，发表论文60余篇。

知识窗

人工水稻

1975年，袁隆平用科学方法成功产出世界上首例杂交水稻，袁隆平认为野稻并不一定全为自花授粉，他在海南岛找寻到一种野稻称为“野稗”，并成功地与现有水稻配种出一些组合稻种。这些组合稻种无法自体授粉，而需仰赖旁株稻种的雄蕊授粉，但产量比原水稻多上一倍。